知
味

寻味历史

食在宋朝

孙鸣晨

编著

北方联合出版传媒(集团)股份有限公司

万卷出版公司

ⓒ　孙鸣晨　2021

图书在版编目（CIP）数据

食在宋朝 / 孙鸣晨编著. —沈阳：万卷出版公司，
2021.2（2022.11重印）
（寻味历史）
ISBN 978-7-5470-5491-8

Ⅰ.①食… Ⅱ.①孙… Ⅲ.①饮食—文化史—中国—
宋代②中国历史—宋代—通俗读物 Ⅳ.①TS971.2
②K244.09

中国版本图书馆CIP数据核字（2020）第260146号

出　品　人：王维良
出版发行：北方联合出版传媒（集团）股份有限公司
　　　　　万卷出版公司
　　　　　（地址：沈阳市和平区十一纬路25号　邮编：110003）
印　刷　者：辽宁新华印务有限公司
经　销　者：全国新华书店
幅面尺寸：145mm×210mm
字　　数：230千字
印　　张：10
出版时间：2021年2月第1版
印刷时间：2022年11月第5次印刷
责任编辑：高　爽
责任校对：高　辉
装帧设计：马婧莎
ISBN 978-7-5470-5491-8
定　　价：39.80元
联系电话：024-23284090
传　　真：024-23284448

目录

宫廷饮食的奢华精致

褆威盛容的宋朝国宴

宋朝的圣诞节

宋朝的圣诞节是指皇帝和太后的生日。到了皇帝生日的这一天，宫里会大摆筵席，邀请文武百官来参加皇帝的生日宴会，亦称圣节大宴。圣节大宴是宋代最高级的盛宴，不仅要宴赏王公国戚、百官，也包括外使，筵席礼仪虽然大同小异，但是都极具烦冗。

例如，幽兰居士的《东京梦华录》中所载的《宰执亲王宗室百官入内上寿》，讲述的是文武百官在十月十二日入宫为皇帝祝寿参加御宴的场景。这一宫廷盛宴宏大风光，赴宴者数百，演出者上千，厨师、服务人员、安保人员过万。开宴时高奏雅乐，钟鼓齐鸣，歌舞文艺和祝寿礼仪结合。宴会上以饮九杯寿酒为序，九与酒、久谐音，既是中国文化中的最高数也是吉数，寄托着美好的祝愿和鼎盛之意。这场御宴每一个环节都有定制，每一盏酒都要有歌舞杂技，观赏、庆祝和社交是主要的，吃喝在其次，甚至有的菜只能看不能吃。例如，第一节中载："每分列环饼、油饼、枣塔为看盘，次列果子。"这里的"看盘"指参加宴会的人面前放置的环饼、油饼、枣塔，只是摆样子的，不能吃。上菜程序分层推进，2~5道菜为一组，干湿、冷热、甜咸搭配，丰富有序。同时为了满足大辽、西夏的外宾，还特意安排了很多"胡食"。整场御宴饮食风味多姿，既重礼仪也兼具文艺娱乐。

至于吴自牧《梦粱录》所载皇太后的圣节宴，仪礼繁复，并且提前一个月准备，在常规礼节之外还增加了到明庆寺启建祝圣道场等内容。可以说，圣节大宴作为国家级的大庆，流程和规章安排十分完备细致，规模和陈设都是当时宴饮活动的最高标准。这样的御宴已经不仅局限于过生日本身的意义，同时也兼具政治、文化气息。

十二日，宰执①、亲王、宗室②、百官，入内上寿大起居③。（捭笏舞蹈）乐未作④，集英殿山楼上教坊乐人效百禽鸣⑤，内外肃然，止闻半空和鸣，若鸾凤翔集。百官以下谢坐讫，宰执、禁从⑥、亲王、宗室、观察使已上⑦，并大辽、高丽、夏国使副⑧，坐于殿上。诸卿少百官⑨，诸国中节使人⑩，坐两廊。军校以下排在山楼之后，皆以红面青墩黑漆矮偏钉⑪。每分列环饼、油饼、枣塔为看盘⑫，次列果子。惟大辽加之猪羊鸡鹅兔连骨熟肉为看盘，皆以小绳束之。又生葱、韭、蒜、醋各一碟。三五人共列浆水一桶⑬，立杓数枚。教坊色长二人⑭，在殿上栏杆边，皆诨裹宽紫袍⑮，金带义襕，看盏⑯，斟御酒。看盏者举其袖唱引曰"绥御酒"⑰，声绝，拂双袖于栏杆而止。宰臣酒，则曰"绥酒"，如前。教坊乐部，列于山楼下彩棚中，皆裹长脚幞头，随逐部服紫绯绿三色宽衫，黄义襕，镀金凹面腰带，前列拍板⑱，十串一行⑲，次一色画面琵琶五十面，次列箜篌两座⑳，箜篌高三尺许，形如半边木梳，墨漆镂花金装画。下有台座，张二十五弦，一人跪而交手擘之㉑。以次高架大鼓二面㉒，彩画花地金龙，击鼓人背结宽袖，别套黄窄袖，垂结带金裹鼓棒㉓，两手高举互击，宛若流星。后有羯鼓两座㉔，如寻常番鼓子㉕，置之小桌子上，两手皆执杖击之，杖鼓应焉㉖。次列铁石方响㉗，明金彩画架子，双垂流苏㉘。次列箫、笙、埙、篪、觱篥、龙笛之类㉙，两旁对列杖鼓二百面，皆长脚幞头，紫绣抹额、背系紫宽衫、黄窄袖、结带黄义襕。诸杂剧色皆诨裹，各服本色紫绯绿宽衫，义襕，镀金带。自殿陛对立㉚，直至乐棚。每遇舞者入场，则排立者叉手，举左右肩，动足应拍，一齐群舞，谓之"掿曲子"㉛。（《东京梦华录·宰执亲王宗室百官入内上寿》）

【注释】

①宰执：掌政的大官。

②宗室：同一宗族的贵族，指国君或皇帝的宗族。

③上寿：向人敬酒，祝颂长寿。

④搢（jìn）笏（hù）：古代官员的官服，没有口袋，于是将笏直接插在腰带上，叫"搢笏"，后引申为朝见。

⑤山楼：供宴赏所搭建的彩楼。

⑥禁从：帝王侍从。特指翰林学士之类的文学侍从官。

⑦观察使：官名。唐于诸道置观察使，位次于节度使。中叶以后，多以节度使兼领其职。无节度使之州，亦特设观察使，管辖一道或数州，并兼领刺史之职。凡兵甲财赋民俗之事无所不领，谓之都府，权任甚重。宋观察使为虚衔，无定员。

⑧使副：指外国使臣与副使。

⑨卿少：宋卿监各寺长官与副长官如太常卿、太常少卿，及各监长官如将作监、将作少监等总称。太常卿、将作监等总称大卿监。太常少卿、将作少监等总称少卿监。此处省称"卿少"。

⑩中节使人：使臣的随行官员。

⑪偏钉：当指侧面钉有盖钉。

⑫枣塔：枣制食品。看盘：即食盘，供陈设糕点果品。也有用猪羊牛等熟食做看盘的。

⑬浆水：水或其他食物汤汁。

⑭色长：宋元教坊司管理乐工的属官。

⑮裹裹：头巾一类的东西。大多为教坊、诸杂剧人所戴用。

⑯看盏：宋代百官进宫给皇帝祝寿进酒的一种仪式。

⑰绥御酒：绥御酒指向在座诸人劝酒。绥，促饮、劝酒之意。

⑱拍板：一种打击乐器，也称檀板、绰板。用坚木数片，以绳串联，用以击节。唐宋时拍板为六或九片，以两手合击发音，今拍板常由三片木板组成。

⑲十串一行：即有十人执拍板列成一行。

⑳箜篌：一种弹弦乐器，最初称"坎侯"或"空侯"，在古代除宫廷雅乐使用外，在民间也广泛流传，有卧箜篌、竖箜篌、凤首箜篌三种形制。

㉑擘：拨弹琴弦的指法。用拇指抬弦称擘。引申为弹奏。

㉒大鼓：一种打击乐器，又作太鼓。即在中空的木制圆筒上张皮，以供打击的乐器。

㉓结带：屈曲的带子。

㉔羯（jié）鼓：乐器名。源自西域，状似小鼓，两面蒙皮，均可击打。也称为"两杖鼓"。

㉕番鼓子：从外邦传入中原的鼓。

㉖杖鼓：打击乐器。

㉗方响：古磬类打击乐器，创始于南朝梁代，后为隋唐燕乐中常用的乐器。它通常由十六枚大小相同、厚薄不一的长方铁（石）片组成，分两排悬于架上。用小铁槌或木槌敲击发音，声音清浊不等。

㉘流苏：又称穗子，一种下垂的、以五彩羽毛或丝绒等扎成、如禾穗状的饰物，常系在服装或器物上。

㉙埙（xūn）：古代用陶土烧制的一种吹奏乐器，圆形或椭

圆形，有六孔。亦称"陶埙"。篪（chí）：古代一种用竹管制成的像笛子一样的乐器，有八孔。乐声浑厚、文雅而庄重。觱（bì）篥（lì）：古代的一种管乐器，形似喇叭，以芦苇作嘴，以竹作管，吹出的声音悲凄。龙笛：一种横吹木管乐器，由竹制成。

㉚殿陛：御殿前的石阶。

㉛接曲子：指随节拍伴舞。

第一盏御酒，歌板色一名①，唱中腔一遍讫②，先笙与箫、笛各一管和，又一遍，众乐齐举，独闻歌者之声。宰臣酒，乐部起倾杯③。百官酒，三台舞旋④，多是雷中庆⑤。其余乐人舞者诨裹宽衫，唯中庆有官，故展裹。舞曲破攧前一遍⑥。舞者入场，至歇拍⑦，续一人入场，对舞数拍。前舞者退，独后舞者终其曲，谓之"舞末"。

第二盏御酒，歌板色，唱如前。宰臣酒，慢曲子。百官酒，三台舞如前。

第三盏，左右军百戏入场，一时呈拽。所谓左右军，乃京师坊市两厢也，非诸军之军。百戏乃上竿、跳索、倒立、折腰、弄碗注、踢瓶、筋斗、擎戴之类⑧，即不用狮豹大旗神鬼也。艺人或男或女，皆红巾彩服。殿前自有石镌柱窠，百戏入场，旋立其戏竿。凡御宴至第三盏，方有下酒肉、咸豉⑨、爆肉，双下驼峰角子⑩。

第四盏，如上仪，舞毕，发谭子⑪，参军色执竹竿⑫、拂子，

念致语口号[13]，诸杂剧色打和[14]，再作语，勾合大曲舞[15]。下酒
榼[16]：炙子骨头、索粉、白肉、胡饼[17]。

第五盏御酒，独弹琵琶。宰臣酒，独打方响。凡独奏乐，
并乐人谢恩讫，上殿奏之。百官酒，乐部起三台舞，如前毕。
参军色执竹竿子作语，勾小儿队舞[18]。小儿各选年十二三者二百
余人，列四行，每行队头一名，四人簇拥，并小隐士帽，着绯
绿紫青生色花衫，上领四契义襕[19]，束带，各执花枝排定。先有
四人裹卷脚幞头紫衫者，擎一彩殿子，内金贴字牌，播鼓而进，
谓之"队名"，牌上有一联，谓如"九韶翔彩凤，八佾舞青鸾"之
句。乐部举乐，小儿舞步进前，直叩殿陛。参军色作语问，小
儿班首近前进口号，杂剧人皆打和毕，乐作群舞合唱，且舞且唱，
又唱破子毕[20]，小儿班首入进致语，勾杂剧入场，一场两段，是
时教坊杂剧色鳖膨刘乔、侯伯朝、孟景初、王彦喜而下[21]，皆使
副也。内殿杂戏，为有使人预宴，不敢深作谐谑，惟用群队装
其似像市语，谓之"拽串"。杂戏毕，参军色作语，放小儿队。
又群舞《应天长》曲子出场。下酒：群仙炙、天花饼、太平毕
罗[22]、乾饭、缕肉羹[23]、莲花肉饼。驾兴，歇座[24]。百官退出殿
门幕次[25]。须臾追班[26]，起居再坐[27]。(《东京梦华录·宰执亲王
宗室百官入内上寿》)

【注释】

①歌板：一种打击乐器，在歌唱时敲击作为节奏的拍板。
由六块或九块长方形木板组成，双手合击板块出声。色：指艺

人或演员。"歌板色"是一个艺人,他在演唱的时候有人为他执歌板击打节拍。

②中腔:沈括《梦溪笔谈》谓"中腔"为宋大曲构成内容之一种。也有一说为一种曲调名称。遍:乐曲的一套。

③倾杯:即《倾杯乐》,又名《倾杯》《倾杯序》《古倾杯》,唐教坊曲名,后用作词牌名,代表作为柳永的《倾杯乐》,是柳永落第离京后所作。

④三台:唐教坊曲名,乐部中有促拍催酒,谓之三台。

⑤雷中庆:北宋神宗时著名舞人,舞艺极天下之工,世人皆呼之谓"雷大使"。蔡絛《铁围山丛谈》:"舞有雷中庆,世皆呼之为雷大使。"此处当指教坊乐官。

⑥破撷(diān):曲调名。

⑦歇拍:唐宋大曲曲调名。

⑧擎戴:一种拿顶技巧,是在北魏时流行的倒立技巧和柔软体操的基础上,以及唐人的"叠置伎"的基础上发展而成的一种新节目。宋朝人比较喜欢双人表演的对手顶。

⑨咸豉:咸味的豆豉。

⑩双下驼峰:指饺子的形状像骆驼的双峰。角子:即饺子。

⑪发:歌唱,表演。谭子:当为"诨子",指滑稽逗笑的节目。

⑫参军色:宋代宫廷乐舞的引舞人,指挥舞队进出场的人。因手持竹竿,也称为竹竿子。参军色与参军戏中的参军不同。

⑬致语:古代宫廷艺人在演出开始时的说唱颂辞。口号:

此指献给皇帝的颂诗。

⑭打和：表演技艺。

⑮勾合：合并在一起。

⑯榼：古代盛酒的器具，后也用来指形状像盒子的容器。一说通"磕"，为象声词，形容喝酒时助兴的样子。

⑰胡饼：上撒胡麻的烧饼。因来自胡地，故称为"胡饼"。

⑱小儿队舞：宋代的宫廷舞，分小儿队和女弟子队两大类。

⑲上领：上衣的领子。四契：指上衣的领子分成同等大小、向外伸出的四块。

⑳破子：即破，唐宋舞乐大曲第三段。其乐歌舞并作，繁声促节，破其悠长，转入繁碎，故名。

㉑鳖膨刘乔、侯伯朝、孟景初、王彦喜：皆为当时著名杂剧艺人，也为教坊乐官。

㉒毕罗：食品名亦作"饆饠"，是一种包有馅儿心的面制点心。始于唐代，当时长安的长兴坊有胡人开的饆饠店。据史载，有蟹黄饆饠、樱桃饆饠、天花饆饠等，甚为著名。

㉓缕肉羹：肉丝羹。

㉔歇座：酒宴中间的短暂休息。

㉕幕次：临时搭起的帐篷。

㉖追班：百官按位次排列谒见皇帝。

㉗起居：请安。

第六盏御酒，笙起慢曲子，宰臣酒，慢曲子，百官酒，三台舞。左右军筑球，殿前旋立球门，约高三丈许，杂彩结络①，留门一尺许。左军球头苏述，长脚幞头，红锦袄，余皆卷脚幞头，亦红锦袄十余人。右军球头孟宣，并十余人，皆青锦衣。乐部哨笛杖鼓断送②。左军先以球团转众③，小筑数遭④，有一对次球头，小筑数下，待其端正，即供球与球头，打大膁过球门⑤。右军承得球，复团转众，小筑数遭，次球头亦依前供球与球头，以大膁打过，或有即便复过者胜。胜者赐以银碗锦彩，拜舞谢恩，以赐锦共披而拜也。不胜者球头吃鞭，仍加抹抢⑥。下酒：假鼋鱼⑦，密浮酥捺花⑧。

第七盏御酒，慢曲子，宰臣酒，皆慢曲子，百官酒，三台舞讫，参军色作语，勾女童队入场。女童皆选两军妙龄容艳过人者四百余人，或戴花冠，或仙人髻鸦霞之服⑨，或卷曲花脚幞头，四契红黄生色销金锦绣之衣⑩，结束不常，莫不一时新妆，曲尽其妙⑪。杖子头四人，皆裹曲脚向后指天幞头簪花，红黄宽袖衫，义襕，执银裹头杖子。皆都城角者，当时乃陈奴哥、俎姐哥、李伴奴、双奴，余不足数。亦每名四人簇拥，多作仙童丫髻仙裳，执花舞步，进前成列。或舞《采莲》⑫，则殿前皆列莲花。槛曲亦进队名⑬，参军色作语问队，杖子头者进口号，且舞且唱。乐部断送《采莲》讫，曲终复群舞。唱中腔毕。女童进致语，勾杂戏入场，亦一场两段讫，参军色作语。放女童队，又群唱曲子，舞步出场。比之小儿，节次增多矣⑭。下酒：排炊羊、胡饼、炙金肠。

第八盏御酒，歌板色，一名唱踏歌。宰臣酒，慢曲子，百官酒，三台舞。合曲破舞旋⑮。下酒：假沙鱼、独下馒头、肚羹。

第九盏御酒，慢曲子，宰臣酒，慢曲子，百官酒，三台舞。曲如前。左右军相扑⑯。下酒：水饭、簇饤下饭⑰。驾兴。

御筵酒盏，皆屈卮⑱，如菜碗样，而有手把子。殿上纯金，廊下纯银。食器，金银镀漆碗碟也。宴退，臣僚皆簪花归私第，呵引从人皆簪花并破官钱⑲。诸女童队出右掖门，少年豪俊争以宝贝供送，饮食酒果迎接，各乘骏骑而归。或花冠，或作男子结束，自御街驰骤，竞逞华丽，观者如堵。省宴亦如此⑳。（《东京梦华录·宰执亲王宗室百官入内上寿》）

【注释】

①结络：编织成的网状物。

②哨：用竹、木、陶土、金属等制成的能吹响的乐器。断送：推送。

③团转众：指将球传给每个人。一说旋转球。

④小筑：轻缓地敲打。筑，打击，敲打。

⑤膁（qiǎn）：通"肷"，牲畜腰两侧肋骨和胯骨之间的虚软处。此指球门中部。

⑥抹抢：即抹跄，百戏艺人以色粉涂面。

⑦假鼋（yuán）鱼：指用面粉或其他食材做成鼋状。鼋，大鳖。

⑧密浮酥捺花：似为一种蜜制的花形甜食。

⑨仙人髻：亦称"仙髻"，绾于头顶。鸦霞之服：黑色的轻柔艳丽的舞衣。

⑩生色：颜色鲜亮。

⑪曲尽其妙：委婉细致地将妙处都表现了出来。

⑫《采莲》：即《采莲曲》，乐府清商曲名。内容多描写江南一带水国风光、采莲女劳动生活情态。

⑬槛曲：即曲槛，曲折的栏杆。

⑭节次：程序，次序。此指表演内容。

⑮曲破：唐宋乐舞名。大曲的第三段称为"破"，单演唱此段称"曲破"。节奏紧促，有歌有舞，宋代颇为流行，宫廷大宴时常同其他节目轮番演出。

⑯相扑：一种类似摔跤的体育活动，秦汉时期叫角抵，南北朝到宋元时期叫相扑。

⑰簇（cù）钉（dìng）：堆叠在食具中供陈设的食品。下饭：即菜肴，或用来佐餐的食品。

⑱屈卮(zhī)：有曲柄的酒杯。

⑲呵引：犹呵道。指封建时代官员外出时，引路差役喝令行人让路。破官钱：由官库支给赏钱。

⑳省宴：省试发榜之后，在京城琼林苑里举行的庆祝宴会。省，指省试。

初八日，寿和圣福皇太后圣节^①，前一月，尚书省、枢密院文武百僚，诣明庆寺启建祝圣道场，州府教集衙前乐乐部及妓女等^②，州府满散进寿仪范^③。向自绍兴以后，教坊人员已罢^④，凡禁庭宣唤^⑤，径令衙前乐充条内司教乐所人员承应。初四日，枢密院率修武郎以上^⑥，初六日，尚书省宰执率宣教郎以上^⑦，并诣明庆寺满散祝圣道场，次赴贡院斋筵^⑧。帅臣与浙西仓宪及两浙漕，率州县属官，并寄居文武官，就千顷广化寺满散祝圣道场，出西湖德生堂放生，然后回府治，锡宴簪花^⑨，其礼仪盏数，与御宴同也。(《梦粱录·皇太后圣节》)

【注释】

①寿和圣福皇太后：现存两说，一说为宋理宗赵昀的皇后谢道清，一说为宋高宗吴皇后。

②衙前乐：宋代州府衙门所置的乐队。

③满散：祝祷、祈福等开设道场，期满结束，称为"满散"。仪范：礼仪。

④教坊：古时管理宫廷音乐的官署。唐代开始设置，专掌雅乐以外的音乐、舞蹈与百戏等的教习、排练及演出等事务。凡是宫中宴会，都用女乐歌舞表演，故官妓也称为"教坊"。宋、元、明皆沿设，至清雍正年间始废。

⑤宣唤：指帝王下令宣召、传唤。

⑥修武郎：宋代官阶名。宋徽宗政和（1111—1118）中，定武臣官阶五十三阶，第四十四阶为修武郎，以代旧官内殿崇班。

⑦宣教郎：宋代官职名，迪功郎的别称。

⑧斋（zhāi）筵（yán）：做斋事时设的筵席。

⑨锡宴：赐宴。指皇帝赐予群臣共同喝酒吃饭。锡，通"赐"。

簪（zān）花：插花于冠。

春秋大宴

春秋大宴是赵宋王朝典制规定国朝大宴。《宋史》《东京梦华录》和《梦粱录》等书均有记载，两宋时期朝廷在仲春与季春（二、三月）、仲秋与季秋（八、九月）之际举办的例行宴会。

按照规定，春秋大宴举行的固定地点为集英殿，春宴或秋宴举办之前，会提前对集英殿装饰一番。宴会的坐具、餐具座次排列都有等级之分，例如宰相、使相、三师、三公、仆射、尚书丞郎、学士、御史大夫和皇家宗室坐于殿上；朵殿之内是文武四品以上的官员；两廊则是等级相对低的官员。

春秋大宴行盏制，分为九盏，以宴会中饮间歇为标志，先行五盏、再行四盏。前两次行酒是大宴的预热阶段，只饮而未食。第三次行酒，饮与食才开始正式相结合，在一定意义上是宴会的真正开始。宴会上还有教坊小儿歌舞助兴，"宴退，臣僚皆簪花归私第"，欢悦和谐，热闹异常。

大观三年^①，议礼局上集英殿春秋大宴仪^②：其日，预宴文武百僚诣殿庭，东西相向立。……酒初行，群官搢笏受酒，先宰相，次百官，皆作乐^③。皇帝再举酒，（并殿中监、少监进）。群臣俱立席后，乐作，饮讫^④，赞各就坐。复行群臣酒，饮讫。皇帝三举酒，皆如第一之仪。尚食典、奉御进食，太官设群臣食，乐作。赐祗应臣僚酒食，赞谢拜讫，复位。皇帝四举酒，（并典御进酒）。乐工致语，群官皆立席后，致语讫，赞百官再拜，就坐，乐作。皇帝五举酒，乐工奏乐，庭下舞队致词，乐作，舞队出。

东上阁门奏再坐时刻。俟放队讫^⑤，内侍举御茶床，皇帝降坐，鸣鞭，群臣退。赐花，再坐。前二刻，御史台^⑥、东上阁门催班^⑦，群官戴花北向立，内侍进班斋牌，皇帝诣集英殿，百官谢花再拜，又再拜就坐。内侍进御茶床，皇帝举酒，殿上奏乐，庭下作乐。皇帝再举酒，殿上奏乐，庭下舞队前致语，乐作，出。皇帝三举酒，四举酒皆如上仪。若宣示盏，即随所向，阁门官以下揖称宣示盏，躬赞就坐。若宣劝，即立席后躬饮讫，赞再拜。内侍举御茶床，舍人引班首以下降阶再拜，舞蹈，又再拜讫，分班出。阁门官侧奏无公事，皇帝降坐，鸣鞭。(《宋史·卷一百一十三·志第六十六·宴飨》)

①大观：（1107—1110），是宋徽宗赵佶的年号。北宋使用这个年号共4年。

②议礼局：宋官署名，大观元年（1107）置，以执政官兼领，以两制大臣充详议官，掌议定各项礼制。集英殿：是北宋皇宫宫殿建筑之一，其始建于赵匡胤初年，是皇帝策试进士和每年举行春秋大宴的场所。

③作乐：奏乐助饮。

④饮讫：喝过，喝完。

⑤俟（sì）：等待。

⑥御史台：中国古代监察官署名称，又名"宪台"。

⑦催班：催促班列。

饮福大宴

饮福大宴是宋代国家大宴之一，与圣节、春秋二宴并存。这一大宴是宋代新建立的官方宴饮活动。饮福又名纳福，据宋人高承《事物纪原·礼祭郊祀·饮福》所载："《宋朝会要》曰：乾德元年十二月以南郊礼毕，大宴于广德殿。自后凡大礼毕，皆设宴如此例，曰饮福宴，盖自此其始也。"饮福宴是宋代皇帝祭祀礼毕之后，宴请文武官员的盛大活动，分享供神之酒，寓意君臣共同接受神的福庇。

关于饮福大宴的进程在《宋史》中有所介绍。饮福大宴是在春秋大宴的程式前，加上一道颁赐福酒的礼仪。饮福大宴的举行，一方面显示了古人对天与神的敬畏之心，是传统祭祀文化在宴饮制度上的延伸和扩展。另一方面也是统治阶层展示君主权威、增强凝聚力的有效途径。

集英殿饮福大宴仪。初，大礼毕，皇帝逐顿饮福，余酒封进入内①，宴日降出，酒既三行②，泛赐预坐臣僚饮福酒各一盏，群臣饮讫，宣劝③，各兴立席后，赞再拜谢讫，复坐饮，并如春秋大宴之仪。（《宋史·卷一百一十三·志第六十六·宴飨》）

【注释】

①入内：入宫。

②三行：祝酒三次。

③宣劝：指皇帝赐酒劝饮。

宋代的赐宴——琼林宴

琼林宴这一名称始于北宋。宋代时，进士及第后不是自己设宴，而是由朝廷赐宴庆贺。因赐宴在著名的琼林苑举行，所以取名为"琼林宴"，也叫作"闻喜宴"。宴会所举行的场地"琼林苑"，是宋都汴京（今开封）城西的皇家花园，是宋初四苑之一，苑内环境幽雅，牙道皆长松古柏，两旁有石榴园、樱桃园等；亦多有亭榭，金碧辉煌。

据史料记载，辽代也曾设宴招待新科进士，地点或在礼部或在内果园，但也借鉴宋人琼林宴之称。元明清三代，又称为"恩荣宴"。历代在赐宴新科进士及诸科及第的人时，仪式内容大致不变。

御赐琼林宴恭和诗[①]

文天祥[②]

奉诏新弹入仕冠[③]，重来轩陛望天颜[④]。

云呈五色符旗盖[⑤]，露立千官杂佩环[⑥]。

燕席巧临牛女节[⑦]，鸾章光映壁奎间。

献诗陈雅愚臣事，况见赓歌气象还[⑧]。

【注释】

①《御赐琼林宴恭和诗》：宋朝状元文天祥所作的一首七言律诗，诗中描写了琼林宴的盛况。

②文天祥：宋末政治家、文学家，爱国诗人，抗元名臣，与陆秀夫、张世杰并称"宋末三杰"。

③奉诏：接受皇帝的命令。

④轩陛：殿堂的台阶。

⑤旗盖：古代仪仗中的旗与伞。

⑥佩环：玉制的环形佩饰物。

⑦燕席：宴席，酒席。

⑧赓（gēng）歌：酬唱和诗。

王公贵族的珍馐美馔

宋太祖与羊肉旋鲊

羊肉旋鲊是宋朝的一款宫廷菜。据宋人蔡絛《铁围山丛谈》记载，北宋王朝建立不久后，吴越王钱俶归降大宋，来到汴梁拜见宋太祖赵匡胤。宋太祖为款待吴越王钱俶，特命御厨制一道烹饪羊肉的南方菜肴，御厨仓促之下"取羊为鲊以献焉"，即仿照生鱼刺身的做法做了几盘生羊刺身，宋太祖很高兴，从此，旋鲊成了北宋和南宋宫廷大宴的首道名菜。淳熙年间，孝宗宴请金国使节时亦有此菜。

在南宋人陈元靓的《事林广记》中，详细记录关于这道"羊肉旋鲊"的具体做法，不过与《铁围山丛谈》记述略有不同。

开宝末①，吴越王钱俶始来朝②。垂至，太祖谓大官③："钱王，浙人也。来朝宿共帐内殿矣，宜创作南食一二以燕衎之④。"

于是大官仓卒被命⑤，一夕取羊为醢（别本"羊"上並有"肥"字）以献焉⑥，因号"旋鲊"。至今大宴，首荐是味，为本朝故事。（《铁围山丛谈·卷六》⑦）

【注释】

①开宝末：这里指开宝八年（975）。

②吴越王钱俶：钱俶（929—988），原名钱弘俶，因避宋太祖之父赵弘殷名讳，入宋只称俶，吴越末代国君。

③大官：这里大官即负责宫廷饮膳事宜的太官。

④燕衎（kàn）：宴饮行乐。燕，通"宴"；衎，乐也。

⑤被命：奉命，受命。

⑥醢（hǎi）：肉酱。並："并"的异体字。

⑦《铁围山丛谈》：是宋人蔡絛流放白州时所作笔记。它记载了从宋太祖建隆年间至宋高宗绍兴年间约200年的朝廷掌故、宫闱秘闻、历史事件、人物逸事等诸多内容，是一部反映北宋时期中国社会各阶层生活状况的笔记文献。

羊肉旋鲊：精羊肉一斤，细抹①，用盐四钱、细曲末一两，马芹②、葱、姜丝少许，饭一搊③，温浆洒④，拌令匀，紧揉瓶器中，以箬叶盖头⑤，春夏日曝，秋冬日火煨，其味香美，五日熟。（《事林广记》⑥）

【注释】

①细抹：切成丝。

②马芹：又称胡芹，根小棵大，清脆爽口，茎部光滑，无丝无渣，素有"芹王"之称。

③饭一掬(jū)：米饭一捧。掬，用两手捧。

④温浆洒：洒上温热的酸浆水。

⑤箬(ruò)：一种竹子，叶大而宽，可编竹笠，又可用来包粽子。

⑥《事林广记》：是一部日用百科全书类型的中国古代民间类书，作者署名为陈元靓。据清季著名藏书家陆心源考证，陈氏为南宋末年福建崇安人。此书原本失传，现存元、明两朝和日本刻本多种，都是经过增广和删改的。

宋太宗与腌菜汤

《山家清供》中记载了一个有趣的典故，当吃遍天下美味的宋太宗问大臣苏易简世上什么食物最珍贵时，苏氏回答是"冰壶珍"。这道菜名字清雅，乍一听还以为是一道什么美食珍馐，实际上就是腌菜汤。对于帝王而言，再珍贵的菜肴又有什么稀奇？而苏易简回答竟然是"齑汁"，这就完全引起了宋太宗的好奇，高妙至极。

后来的文人纷纷对苏易简的巧妙应对赞不绝口。例如，陈与义《食齑》诗云："冰壶先生当立传，木奴

鱼婢何足录。"又如陆游《对食戏作》诗云:"冰壶欲著
先生传,韲薄卑凡岂得书。常恨当年定交晚,枉教渴
死老相如。"而本平常的腌菜汁也因此多了个雅名:冰
壶珍。后来有人曾问林洪这冰壶珍到底是怎么个做法,
林洪的回答也极有趣味性:"把菜浸渍在清面菜汤中,
这是治酒醉后口渴的一味好药,如果觉得不对,就去
问'冰壶先生'吧。"

太宗问苏易简曰①:"食品称珍,何者为最?"对曰:"食无
定味,适口者珍②。臣心知齑汁美③。"太宗笑问其故。曰:"臣
一夕酷寒④,拥炉烧酒⑤,痛饮大醉,拥以重衾⑥。忽醒,渴甚,
乘月中庭⑦,见残雪中覆有齑盎⑧。不暇呼童,掬雪盥手⑨,满
饮数缶⑩。臣此时自谓:上界仙厨⑪,鸾脯凤脂⑫,殆恐不及。
屡欲作《冰壶先生传》记其事,未暇也。"太宗笑而然之。

后有问其方者,仆答曰⑬:"用清面菜汤浸以菜,并消醉渴
一味耳。或不然,请问之'冰壶先生'。"(《山家清供·冰壶珍》⑭)

【注释】

①太宗:宋太宗赵光义(939—997),宋朝的第二位皇帝。
本名赵匡义,后因避其兄太祖讳改名赵光义,即位后改名炅。
苏易简(958—997):字太简,汴梁(今河南开封)人。北宋官员。
宋太宗太平兴国五年进士第一,状元。主要作品有《文房四谱》
《续翰林志》。

②适口：食物合于口味。

③齑（jī）：指的是经腌制、切碎制成的菜。

④一夕：一晚。

⑤拥炉：围炉取暖。

⑥衾（qīn）：被子。

⑦乘月：趁着月光。中庭：住宅等建筑物中央的露天庭园。

⑧盎：古代的一种盆，腹大口小。

⑨盥手：洗手。

⑩缶（fǒu）：古代一种大肚子小口的盛酒瓦器。

⑪上界：指神仙居住的地方。

⑫鸾脯凤脂：鸾鸟和凤凰的肉。借指珍奇的佳肴。

⑬仆：自己的谦称。

⑭《山家清供》：南宋人林洪所撰，二卷，104 节。收录以山野所产的蔬菜、水果、动物为主要原料的食品，记其名称、用料、烹制方法，行文间有涉掌故、诗文等。全书广收博采，内容丰富，涉猎广泛，是一部融饮食、养生、文学于一身，描写宋代士人生活情趣的奇书。

食 齑

陈与义①

君不见领军家有鲊一屋，相国藏椒八百斛②。

士患饥寒求免患，痴儿已足忧不足。

伯龙平生受鬼笑，无钱可使宜见渎。

但当与作谪仙诗^③，聊复使渠终夜哭^④。

诗中有味甜如蜜，佳处一哦三鼓腹。

空肠时作不平鸣，却恨忍饥犹未熟。

冰壶先生当立传^⑤，木奴鱼婢何足录^⑥。

颜生狡狯还可怜^⑦，晚食由来未忘肉。

【注释】

①陈与义（1090—1139）：字去非，号简斋。北宋末、南宋初年的杰出诗人。

②斛（hú）：中国旧量器名，亦是容量单位，一斛本为十斗，后来改为五斗。

③谪仙：称人才情高超，清越脱俗，有如自天上被谪居人世的仙人。如汉朝东方朔、唐朝李白、宋朝苏轼等都曾被称誉为"谪仙"。

④聊复：暂且。

⑤冰壶先生：指苏易简。

⑥木奴：果实的通称。鱼婢：泛指小鱼。

⑦颜生：颜回。

对食戏作

陆　游①

冰壶欲著先生传，髯簿卑凡岂得书②。

常恨当年定交晚③，枉教渴死老相如④。

【注释】

①陆游（1125—1210）：字务观，号放翁，尚书右丞陆佃之孙，南宋文学家、史学家、爱国诗人。

②髯（rán）：泛指胡子。岂得：犹怎能、怎可。

③定交：结为朋友。

④枉教：敬辞。犹言屈尊赐教。

令人垂涎的山肤水豢

　　宋代的水产产量非常的高，尤其到了南宋时期，"南食"菜品中，水产鱼虾类占很大比重，而浙江地处东海之滨，水产品的获得极为便利。由此，在宫廷菜系中也有很多水产海鲜的身影。

　　以蟹为例，据《宋史》《梦粱录》和《武林旧事》所记的菜品就有持螯供、洗手蟹、酒蟹、醉蟹、糖蟹、醋赤蟹、蟹羹、蟹生、五味酒酱蟹等数十种。帝王之中也有很多蟹痴。例如，宋仁宗打小就喜欢吃螃蟹，因为贪嘴而吃出风痰之症，刘太后见状曾下发懿旨："虾蟹海物不得进御！"又如在张俊宴请高宗的食单中也记有一品"螃蟹酿橙"，后林洪《山家清供》中记载了烹饪方法，极为精细。

宋代御厨为了提鲜，也常常将鱼虾和山珍一起烹饪。例如，"虾鱼笋蕨兜"，此菜便是将笋、蕨熬制的汤中加入鱼虾。林洪《山家清供》认为虾、鱼皆来自水里，而笋蕨来自陆地，这两类分别来自山、海的原料却在不期中碰面，便更名为"山海兜"。

橙用黄熟大者，截顶①，剜去穰②，留少液。以蟹膏肉实其内③，仍以带枝顶覆之，入小甑④，用酒、醋、水蒸熟。用醋、盐供食，香而鲜，使人有新酒菊花、香橙螃蟹之兴。因记危巽斋稹赞蟹云："黄中通理，美在其中。畅于四肢，美之至也。"此本诸《易》⑤，而于蟹得之矣，今于橙蟹又得之矣。(《山家清供·蟹酿橙》)

【注释】

①截顶：将橙子顶部切开。

②剜（wān）：挖削。穰（ráng）：同"瓤"。

③实：充满，塞满。

④甑：古代蒸饭的一种瓦器，底部有许多透蒸汽的孔格，置于鬲上蒸煮，如同现代的蒸锅。

⑤本诸《易》：源之于《周易》。

春采笋、蕨之嫩者①，以汤瀹过②。取鱼虾之鲜者，同切作块子③。用汤，裹蒸熟，入酱、油、盐，研胡椒④，同绿豆粉皮拌匀，加滴醋。今后苑多进此，名"虾鱼笋蕨兜"。今以所出不同，而得同于俎豆间⑤，亦一良遇也⑥，名"山海兜"。或只羹以笋、蕨，亦佳。许梅屋棐诗云⑦："趁得山家笋蕨春，借厨烹煮自吹薪。倩谁分我杯羹去，寄与中朝食肉人⑧。"（《山家清供·山海兜》）

【注释】

①蕨：多年生草本植物，根茎长。嫩叶可食，根茎可制淀粉，其纤维可制绳缆，耐水。全株入药。

②瀹（yuè）：煮。

③块子：呈块状的形体。

④研：研磨。

⑤俎豆：俎和豆。古代祭祀、宴飨时盛食物用的两种礼器。

⑥良遇：好的机遇。

⑦许梅屋：许棐，字忱夫，一字枕父，自号梅屋。海盐（今属浙江）人。

⑧食肉人：指高位厚禄者。亦泛指做官的人。

偏好羊肉的宫廷风味

宋代饮食偏好羊肉，可谓时代特色。宋代宫廷信奉祖宗旧制，不得取食味于四方，却特许羊肉准入。因此羊膻之气，一度从庙堂之高飘至江湖之远。宫廷中羊肉菜名气很大，前文《宰执亲王宗室百官入内上寿》中提到的御宴中就有"烤羊排"，还有"排炊羊""酒煎羊""羊舌签""羊肉旋鲊""羊腰子羹"等。甚至《宋史·仁宗本纪》中记载宋仁宗赵祯，半夜饥饿，也心心念念想吃烧羊。

羊肉在宋代的宫廷菜中花样繁多，消耗巨大，甚至还纳入了宫廷食疗菜。官修的《政和本草》把羊肉与人参并列，认为羊肉能够补中益气。因此，宋太宗赵光义曾命王怀隐、王祐等人在编纂中医书籍《太平圣惠方》时，特意加入关于羊肉的食疗菜，例如"太平酿羊肚""太平羊蝎子汤"等。

治脾气弱不能下食^①，宜食酿羊肚方：羊肚一枚，治如常法。羊肉一斤，细切。人参一两，去芦头捣末。陈橘皮一两，汤浸去白瓤^②，焙。肉豆蔻一枚^③，去壳用末。食茱萸半两^④，末。干姜半两，末。胡椒一分，末。生姜一两，切。葱白二七茎，切。

粳米五合⑤。盐末半两。右取诸药末，拌和肉、米、葱、盐等，纳羊肚中，以粗线系合，勿令泄气，蒸令极烂。分三四度空腹食之，和少酱醋无妨。(《太平圣惠方》⑥)

【注释】

①脾气：脾脏之气。中医认为人体有五脏，五脏之间运行失常，就生各种疾病。

②白瓤：橘子里面的白瓤是橘络，又名橘丝。

③肉豆蔻：肉豆蔻科植物肉豆蔻的种仁，原产印度尼西亚马鲁古群岛，唐《本草拾遗》名"迦拘勒"，性味温辛，可温中止泻，治宿食不消。

④食茱萸：芸香科植物樗叶花椒的果实，味辛苦温有毒，可暖胃燥湿。

⑤粳米：别名粳粟米等，与籼米相对应。粳米在中国作为食物至少有两千年的历史，药用首载于《名医别录》，其功效为"主益气，止烦，止泄"。

⑥《太平圣惠方》：中国宋代官修方书，简称《圣惠方》，100卷。刊于宋淳化三年（992）。系北宋翰林医官院王怀隐等人集体编写而成。此处节选为"太平酿羊肚"的制作方法。

枸杞煎方①：生枸杞根细判一斗②，以水五斗煮，取一斗五升澄清，白羊脊骨一具③，判碎。右件药以微火煎取五升，去滓，收瓷盒中。每取一合④，与酒一小盏合煖，每于食前温服。(《太

平圣惠方》)

【注释】

①此处节选为"太平羊蝎子汤"的制作方法，因配以鲜枸杞根，也叫"枸杞煎"。

②剉：古同"锉"，这里指切小块的意思。

③白羊脊骨：绵羊蝎子。

④合：为中国古代计量单位，约 0.15 公斤，十合为一升。

假白腰子^①：白鱼去骨研^②，入豆粉和匀^③，灌入粗大白肠内，线结两头，熟煮，作片^④，清姜汁入料作羹。(《事林广记》)

【注释】

①此处节选为"假白腰子羹"的制作方法，据《梦粱录》《武林旧事》等书记载，食白腰子在南宋很盛行。后文中张俊为宋高宗所献御筵上也有炒白腰子，御宴上也有荔枝白腰子一菜。《事林广记》中此节有关于当时假白腰子羹的详细做法记载。白腰子：指羊的睾丸。

②研：剁成泥。

③豆粉：绿豆淀粉。

④作片：切成片。

皇亲贵族也爱素菜

与唐朝奢靡的山珍海味相比，宋代饮食习惯上，全民喜爱素食。宋人时常将荤食与粗鄙联系在一起，而素食则被美化为清雅亦高尚的人格。比如在苏轼笔下就有"润随甘泽化，暖作春泥融。始终不我负，力与粪壤同"，这一点在宋代文人世界中比较常见。

至于宫廷之中，也有皇亲贵族喜好素菜。例如《山家清供》所载"牡丹生菜"就是宋高宗的皇后宪圣皇后所爱的一道菜，这道菜，一定要采一些牡丹花瓣和在面里，或者用薄面粉裹一下，再油炸到酥。皇后每次做生菜的时候，还一定在梅树下，收集落花放入生菜中，其香仍然可以闻到。又如《山家清供》所记的"玉灌肺"也是一道宋代宫廷素菜，原料和做法都很普通。这道菜又名"御爱玉灌肺"，犹可见皇帝很是喜欢。再如，宋高宗时期宫廷有一款菜为酥烤玉蕈，不过这道菜的源头是来自《山家清供》的"酒煮玉蕈"，其中记载了这样一句话："今后苑多用酥炙，其风味犹不浅也。""后苑"则是南宋宫廷负责帝后饮膳的一个机构，"酥炙"即酥烤。这句话表明宋高宗的御厨多用酥烤的方法来制作玉蕈，其风味比林洪详述的酒煮玉蕈还佳。

宪圣喜清俭^①，不嗜杀。每令后苑进生菜，必采牡丹片和之，或用微面裹^②，炸之以酥。又，时收杨花为鞋^③、袜、褥之用。性恭俭^④，每治生菜，必于梅下取落花以杂之，其香犹可知也。（《山家清供·牡丹生菜》）

【注释】

①宪圣：吴瑜（1115—1197），宋高宗的宪圣皇后，一生经历高、孝、光、宁四朝，在后位（含太后）长达五十五年，是历史上在后位较长的皇后之一。

②微面：薄面粉。

③杨花：指柳絮。

④恭俭：恭谨俭约。

真粉^①、油饼^②、芝麻、松子，核桃去皮，加莳萝少许^③，白糖、红曲少许：为末，拌和，入甑蒸熟。切作肺样块子，用辣汁供。今后苑名曰"御爱玉灌肺"，要之^④，不过一素供耳。然，以此见九重崇俭不嗜杀之意^⑤，居山者岂宜侈乎？（《山家清供·玉灌肺》）

【注释】

①真粉：一说为绿豆淀粉，一说为粳米粉或天花粉。

②油饼：豆腐皮。今又称"油皮"。

③莳萝：又名土茴香，可调味用。

④要之：表示下文是总括性的话，要而言之，总之。

⑤九重：代指帝王。

鲜蕈净洗①，约水煮少熟②，乃以好酒煮，或佐以临漳绿竹笋③，尤佳。施芸隐枢《玉蕈》诗云④："幸从腐木出，敢被齿牙和。真有山林味，难教世俗知。香痕浮玉叶，生意满琼枝。饕腹何多幸⑤，相酬独有诗。"今后苑多用酥炙，其风味犹不浅也。（《山家清供·酒煮玉蕈》）

【注释】

①蕈（xùn）：生长在树林里或草地上的某些高等菌类植物，伞状，种类很多。

②约水煮少熟：大概用水焯到微熟。

③临漳：今河北境内。

④施芸隐枢：指施枢，字知言，号芸隐，丹从人。著有《芸隐横舟稿》。

⑤饕：贪食。

嫩笋、小蕈、枸杞头①，入盐汤焯熟，同香熟油、胡椒、盐各少许，酱油、滴醋拌食。赵竹溪密夫酷嗜此②。或作汤饼以奉亲，名"三脆面"。尝有诗云："笋蕈初萌杞采纤③，燃松自煮供亲严④。人间玉食何曾鄙，自是山林滋味甜。"蕈亦名菰。（《山

家清供·山家三脆》)

【注释】

①枸杞头：又叫枸杞菜，是枸杞初春的嫩茎叶。可入药，味苦性寒，具有补虚益精、清热止渴、祛风明目的功效。

②赵竹溪：赵密夫，号竹溪，宋太祖四弟赵廷美的八世孙。绍定二年（1229）进士。

③初萌：刚刚发芽。

④亲严：指父母。亲，对母亲的尊称；严，对父亲的尊称。

食不厌精的贵族菜单

太子的点菜单——玉食批

玉食批，即指太子的食单。今存文献名《赐太子玉食批》，署名司膳内人所书。全书共一卷，载《随隐漫录》《说郛》等书，仅有550余字，记载了南宋皇帝每日赐给太子的美食名称，共计30多种，例如有酒醋白腰子、三鲜笋、炒鹌子、烙润鸠子、糊燠鲇鱼、蝤蛑签、麂膊、浮助酒蟹、江瑶、青虾辣羹、燕鱼干、酒醋蹄酥片、生豆腐百宜羹、臊子炸白腰子、酒煎羊、二牲醋脑子、清汁杂胚胡鱼、肚儿辣羹、酒炊淮白鱼等。但未及记载各种菜肴的制作方法。

《玉食批》是研究南宋宫廷饮食和两宋之际饮食文化的珍贵史料。不仅记述了宋代宫廷饮食，也反映了当时海产品尤其丰富，计有鱼、蟹、蝤蛑、虾、螺、蛤蜊、牡蛎、江瑶等，体现了南宋偏安东南沿海的饮食风格与特产。这份食单的奢靡程度也反映了皇族的生活理念。

偶败箧中得上每日赐太子玉食数纸^①，——司膳内人所书也^②。

如：酒醋白腰子、三鲜笋、炒鹌子^③、烙润鸠子^④、燠石首鱼^⑤、土步辣羹^⑥、海盐蛇鲊、煎三色鲊、煎卧乌、炉湖鱼、糊炒田鸡、鸡人字焙腰子、糊燠鲇鱼、蝤蛑签^⑦、麂膊^⑧、浮助酒蟹、江瑶^⑨、青虾辣羹、燕鱼干、鲻鱼、酒醋蹄酥片、生豆腐百宜羹、膘子炸白腰子、酒煎羊、二牲醋脑子、清汁杂胚胡鱼^⑩、肚儿辣羹、酒炊淮白鱼之类。

呜呼！受天下之奉必先天下之忧，不然素餐有愧，不特是贵家之暴殄^⑪，略举一二。如：羊头签止取两翼^⑫，土步鱼止取两腮，以蝤蛑为签、为馄饨、为枨瓮，止取两螯，余悉弃之地，谓非贵人食。有取之。则曰："若辈真狗子也！"噫！其可一日不知菜味哉。(《玉食批》)

【注释】

①箧（qiè）：箱子一类的东西。上：皇帝。

②司膳内人：即皇宫中掌管膳食的宫人。

③鹌子：鹌鹑。

④鸠子：幼鸠。

⑤石首鱼：鲈鱼目石首鱼科的泛称。内耳各有三块大形耳石，故称"石首鱼"，主要的种类有大黄鱼、小黄鱼、黄花鱼等。

⑥土步：即土附鱼。

⑦蝤（yóu）蛑（móu）：梭子蟹的别名。

⑧麂（jǐ）：哺乳动物的一属，像鹿，腿细而有力，善于跳跃，皮很软可以制革。通称"麂子"。

⑨江瑶：江珧的别称，蚌类。壳薄而呈直角三角形，前端很尖，表面苍黑，有重叠状的鳞片纹。里面稍呈黑色，有光泽，生活于海岸的泥沙中。

⑩伛（ǒu）：冒烟、不起火苗地烧。

⑪暴殄：不爱惜，任意糟蹋。

⑫羊头签：羊肉卷。

"供进御筵"——张俊宴请宋高宗的菜单

"供进御筵"为南宋"中兴四大名将"张俊宴请宋高宗的菜谱。据周密《武林旧事》记载，御筵的菜品极为豪奢靡费。高宗刚到张府，设御榻坐定，先送上来的菜品称为"绣花高饤八果垒"，分别堆垒着香圆、真柑、石榴、橙子、鹅梨、乳梨、榠楂、花木瓜。而后捧出的是十盒"镂金香药"、十二品"雕花蜜煎"、十二道"砌香咸酸"，紧接着端出来十味"脯腊"，这些还仅仅是第一轮的前菜。正式御宴的菜单列有"下酒十五盏"，每盏两道菜，共计三十种。此外有插食八品，劝酒果子十道，劝酒十味，真是令人眼花缭乱。

什么叫作"锦衣玉食"？这着实就是了。宋高宗在皇宫里的日常饮食，未必如此豪华，可见张俊也是蛮拼的了。在这张请皇帝吃饭的御宴菜单中，有些菜肴从命名略可推知其配料和烧法，因此这张御宴菜单还反映出两宋之际烹饪文化的诸多特色。

绍兴二十一年十月，高宗幸清河郡王第①，供进御筵节次如后：

安民靖难功臣、太傅、静江宁武靖海军节度使、醴泉观使、清河郡王、臣张俊进奉：

绣花高饤一行八果垒②：香圆③、真柑④、石榴、橙子、鹅梨、乳梨、槟楂⑤、花木瓜。

乐仙干果子叉袋儿一行⑥：荔枝、圆眼、香莲、榅子⑦、榛子、松子、银杏、梨肉、枣圈⑧、莲子肉、林檎旋⑨、大蒸枣。

镂金香药一行：脑子花儿⑩、甘草花儿、朱砂圆子⑪、木香、丁香、水龙脑、史君子⑫、缩砂花儿⑬、官桂花儿、白术人参、橄榄花儿。

雕花蜜煎一行⑭：雕花梅球儿、红消花、雕花笋、蜜冬瓜鱼儿⑮、雕花红团花、木瓜大段儿花、雕花金橘、青梅荷叶儿、雕花姜、蜜笋花儿、雕花橙子、木瓜方花儿。

砌香咸酸一行：香药木瓜、椒梅、香药藤花、砌香樱桃、紫苏柰香、砌香萱花柳儿、砌香葡萄、甘草花儿、姜丝梅、梅肉饼儿、水红姜、杂丝梅饼儿。

脯腊一行：肉线条子、皂角铤子、云梦䊚儿、虾腊、肉腊、奶房、旋鲊、金山咸豉、酒腊肉、肉瓜齑。

垂手八盘子：拣蜂儿、番葡萄、香莲事件念珠、巴榄子、大金橘、新椰子象牙板、小橄榄、榆柑子。（《高宗幸张府节次略》⑯）

【注释】

①高宗：赵构（1107—1187），宋朝第十位皇帝，字德基，在位35年，南宋开国皇帝。著有《翰墨志》，传世墨迹有《草书洛神赋》等。清河郡王：张俊（1086—1154），字伯英，南宋初年名将，与岳飞、韩世忠、刘光世并称南宋"中兴四将"。

②高饤（dìng）：高叠于盘中的蔬果。多用于祭祀或待客，取其外形丰盛美观。

③香圆：即香橼的果实。

④真柑：水果名，上品蜜柑。

⑤榠（míng）楂（chá）：榠楂，一种乔木及其果实，略似苹果，果肉酸，可作蜜饯。

⑥叉袋儿：一种麻布袋。

⑦榧子：指榧子树的种子，一种坚果。

⑧枣圈：由枣去核焙干制成。

⑨林檎旋：即将林檎核旋去的果肉。

⑩脑子花儿：即龙脑香做的花儿。

⑪朱砂圆子：即以朱砂加药团成的药丸。

⑫史君子：花名。

⑬缩砂：一种植物，产于岭南，其果实之壳即称缩砂，可入药。

⑭雕花蜜煎：即将瓜果之蜜饯雕刻出花样来。

⑮蜜冬瓜鱼儿：即将冬瓜蜜饯雕为鱼形。其他亦类此。

⑯《高宗幸张府节次略》：载于周密《武林旧事》，《武林旧事》成书于元至元二十七年（1290）以前，为追忆南宋都城临安城市风貌的著作，全书共十卷，为了解南宋城市经济文化和市民生活，以及都城面貌、宫廷礼仪提供了较丰富的史料。

再坐。切时果一行：春藕、鹅梨饼子、甘蔗、乳梨月儿、红柿子、切枨子、切绿橘、生藕铤子。

时新果子一行：金橘、葳杨梅①、新罗葛、切蜜蕈、切脆枨、榆柑子、新椰子、切宜母子②、藕铤儿、甘蔗奈香、新柑子、梨五花子。

雕花蜜煎一行同前。

砌香咸酸一行同前。

珑缠果子一行③：荔枝甘露饼、荔枝蓼花④、荔枝好郎君、珑缠桃条、酥胡桃、缠枣圈、缠梨肉、香莲事件、香药葡萄、缠松子、糖霜玉蜂儿⑤、白缠桃条。

脯腊一行同前[6]。

下酒十五盏：第一盏：花炊鹌子、荔枝白腰子。

第二盏：奶房签[7]、三脆羹[8]。

第三盏：羊舌签、萌芽肚胘[9]。

第四盏：肫掌签、鹌子羹。

第五盏：肚胘脍、鸳鸯炸肚。

第六盏：沙鱼脍、炒沙鱼衬汤。

第七盏：鳝鱼炒鲎、鹅肫掌汤齑。

第八盏：螃蟹酿枨、奶房玉蕊羹。

第九盏：鲜虾蹄子脍、南炒鳝。

第十盏：洗手蟹、鯚鱼假蛤蜊。

第十一盏：五珍脍、螃蟹清羹。

第十二盏：鹌子水晶脍、猪肚假江瑶。

第十三盏：虾枨脍、虾鱼汤齑。

第十四盏：水母脍、二色茧儿羹。

第十五盏：蛤蜊生、血粉羹。

（《高宗幸张府节次略》）

【注释】

①葴（zhēn）：马蓝，一种草。

②宜母子：柠檬的旧称。

③珑缠果子：即沾了粉糖的果子。

④蓼（liǎo）：一年生草本植物，叶披针形，花小，白色或

浅红色，果实卵形、扁平，生长在水边或水中。茎叶味辛辣，可用以调味。全草入药。

⑤糖霜玉蜂儿：就是用糖霜和莲子加工的蜜饯莲子。

⑥脯腊：肉干。

⑦签：宋代的一类菜肴。这种菜多将馅儿切为细长之丝，再用筒卷裹，形如签筒，故名。其皮料与馅儿料花样很多。

⑧三脆羹：指以嫩笋、小蕈、枸杞头三种原料做的羹汤。

⑨肚胘：指牛羊猪胃之最厚处，即肚头。

文人生活里的大千世界

不仅仅是大文豪的苏东坡

大文豪兼美食家

苏东坡不仅是北宋著名的文学家和书画家，也是善于品味美食的烹饪鉴赏家，著有脍炙人口的《老饕赋》，并因此以"老饕"自喻。他曾将天下美食汇于一席，开列出一份精美的"菜单"，将天下的奇珍异馔编于其中。其中"老饕席"是苏东坡设计的食谱，菜式虽然仅有六样，但对质地要求与制作工艺却是甚高。要求庖丁宰杀牲畜，百煮百煎，汤醇味好。菜式的原料也十分珍贵讲究：以猪颈嫩肉、重阳螃蟹的双夹、用蜂蜜浸渍熟透的樱桃、用杏酪蒸制肥美的羊羔、半熟时喷上料酒的哈士蟆以及浇淋红糟的肥蟹为主。

在他的诗文中不乏赞咏美食、酒、茶的佳作，例如《春菜》《二红饭》《中山松醪赋》都是专门描写饮食的文学作品。即便在贬谪生活中，相关题材的书写也是笔耕不辍，而且还对品酒酿酒、煎茶品茗、烹饪美

食及饮食养生等提出了自己独到的见解，极大丰富了
饮食文化的内涵。

庖丁鼓刀①，易牙烹熬②。水欲新而釜欲洁，火恶陈而薪恶
劳。九蒸暴而日燥，百上下而汤鏖③。尝项上之一脔④，嚼霜前
之两螯。烂樱珠之煎蜜，滃杏酪之蒸羔⑤。蛤半熟而含酒，蟹微
生而带糟。盖聚物之夭美，以养吾之老饕。婉彼姬姜⑥，颜如李
桃。弹湘妃之玉瑟，鼓帝子之云璈⑦。命仙人之萼绿华⑧，舞古
曲之《郁轮袍》⑨。引南海之玻璃，酌凉州之蒲萄。愿先生之耆
寿⑩，分余沥于两髦⑪。候红潮于玉颊，惊暖响于檀槽⑫。忽累
珠之妙唱，抽独茧之长缫⑬。闵手倦而少休，疑吻燥而当膏。倒
一缸之雪乳，列百椀之琼艘⑭。各眼滟于秋水，咸骨醉于春醪⑮。
美人告去已而云散，先生方兀然而禅逃。响松风于蟹眼，浮雪
花于兔毫。先生一笑而起，渺海阔而天高。（《老饕赋》⑯）

【注释】

①庖丁：古代一位刀功极好的厨师，曾为文惠君解牛。

②易牙：春秋时齐桓公宠幸的近臣，长于调味。

③鏖：同“熬”。

④脔：小块肉。

⑤滃（wēng）：大水沸涌的样子。

⑥姬姜：春秋时，姬为周姓；姜，齐国之姓，故以“姬姜”
为大国之女的代称，也用作妇女的美称。

⑦璈（áo）：古代乐器。"上元夫人自弹云林之璈，歌步玄之曲。"——《康熙字典》

⑧萼绿华：仙女的名字，相传是九嶷山中得道的女仙。

⑨郁轮袍：琵琶曲名，相传是唐朝诗人王维所作。

⑩耆（qí）：古称六十岁曰耆。亦泛指寿考。

⑪余沥：本指酒的余滴；剩酒。今多喻别人所剩余下来的点滴利益。两髦：古代一种儿童发式，发分垂两边至眉，谓之"两髦"。

⑫暖响：意为歌台因为歌声而暖，有如春光融融。檀槽：檀木制成的琵琶、琴等弦乐器上架弦的槽格。亦指琵琶等乐器。

⑬茧（jiǎn）：古同"茧"。缫（sāo）：抽丝的意思，同"缲"。

⑭柅（lí）：柯柅，古代一种酒名。

⑮醪：本指汁滓混合的酒，后亦作为酒的泛称。

⑯《老饕（tāo）赋》：宋代文学家苏轼创作的一篇赋。老饕是贪吃的意思，不是一般的贪吃，而是一副大呼小叫、狼吞虎咽的吃相。饕，贪财、贪食者。

蔓菁宿根已生叶，韭芽戴土拳头蕨①。烂蒸香荠白鱼肥，碎点青蒿凉饼滑。宿酒初消春睡起，细履幽畦掇芳辣。茵陈甘菊不负渠，鲙缕堆盘纤手抹。北方苦寒今未已，雪底波棱如铁甲②。岂如吾蜀富冬蔬，霜叶露芽寒更苗。久抛菘葛犹细事，苦笋江豚那忍说。明年投劾径须归，莫待齿摇并发脱。（《春菜》）

①拳头蕨：蕨，一种野菜，又名紫芝，别称拳芽根。《本草纲目》说："蕨，处处山中有之。二三月生芽，拳曲状如小儿拳……味甘滑，亦可醋食。"

②波棱如铁甲：波棱，即菠菜；铁甲，四川边地夷人所编的藤甲，这里言天极冷，菠菜冻硬如铁甲。

二红饭：今年东坡收大麦二十余石，卖之价甚贱。而粳米适尽①，乃课奴婢春以为饭②。嚼之，啧啧有声，小儿女相调，云是嚼虱子。日中饥，用浆水淘食之，自然甘酸浮滑，有西北村落气味。今日复令庖人杂小豆作饭，尤有味。老妻大笑曰："此新样二红饭也！"（《二红饭》）

【注释】

①粳（jīng）米：粳稻碾成的米。粳，稻的一种，粒短而粗。

②课：教、督的意思。

中山松醪赋①（节选）

味甘余之小苦，

叹幽姿之独高②，

知甘酸之易坏，

笑凉州之蒲萄③。

【注释】

①中山松醪：中山松醪酒介于黄酒、白酒之间，夏可加冰，冬可加热，有健胃活血之功能。此诗为苏东坡对酒味道的评价。

②幽姿：幽雅的姿态。

③蒲萄：即指葡萄。

初到黄州①

自笑平生为口忙②，老来事业转荒唐。

长江绕郭知鱼美③，好竹连山觉笋香④。

逐客不妨员外置⑤，诗人例作水曹郎⑥。

只惭无补丝毫事，尚费官家压酒囊。

【注释】

①初到黄州：苏轼因乌台诗案被贬黄州，责授检校水部员外郎、黄州团练副使，寓居定惠院，随僧蔬食。此诗作于初抵黄州时。

②为口忙：双关语。一为糊口之意，一为呼应下文的"鱼美"和"笋香"的口腹之美。

③郭：外城。

④连山：这里指满山。

⑤逐客：贬谪之人，作者自称。

⑥水曹郎：隶属水部的郎官。

寒具诗①

纤手搓成玉数寻，碧油煎出嫩黄深②。

夜来春睡无轻重，压扁佳人缠臂金③。

【注释】

①寒具：指徐州的蝴蝶馓子，纤细香脆。古时寒食节禁止生火，百姓都吃提前准备好的冷食，馓子便是其一，故称寒具。

②碧油：指清澄的食油。

③缠臂金：手镯。

油而不腻的东坡肉

东坡肉是一道极具影响、深受人们喜爱的传统名菜，通常认为是因苏东坡创制而得名。关于菜名的最早记载，可见于明人沈德符《万历野获编》记："肉之大哉不割者，名东坡肉。"但是根据东坡肉的主料和制作特点我们可以推定：早在苏东坡在世时东坡肉就已出现，这可以从苏东坡的《猪肉颂》中得出。

目前，关于东坡肉的由来，以"黄州说"和"杭州说"最负盛名。

持"黄州说"的学者认为，如《猪肉颂》所载，当年苏轼被贬黄州时，见黄州肉多价贱但烹饪方法简单，便将四川老家烧法与黄州烧法结合，创制了东坡肉。

持"杭州说"的学者认为，苏轼在杭州治理水患成功，当地百姓心怀感恩，送来肥肉和黄酒。苏轼婉拒不成，便吩咐厨子将肉烧好，再分送回去，因此更得称赞，并广为流传。这道传统名菜，历经千百年的流传改制，现已成为家喻户晓的名菜。

净洗铛^①，少著水^②，柴头罨烟焰不起^③。待他自熟莫催他，火候足时他自美。黄州好猪肉，价贱如泥土。贵者不肯吃，贫者不解煮。早晨起来打两碗，饱得自家君莫管。(《猪肉颂》)^④

【注释】

①铛（chēng）：古代炊器。

②著（zhuó）：添加。

③罨（yǎn）：笼。

④《猪肉颂》：苏轼谪居黄州（现湖北省黄冈市）时作，当地人不善烧制猪肉，他亲自实践予以推广，开辟食物来源，诗咏猪肉在黄州推行情形及猪肉之美味。

入口即化的杏酪蒸羊羔

与原料为猪肉的东坡肉相比，以羊肉为主料的东坡羊羔亦是美味至极。将蒸好的羊羔浇上杏酪，羊羔软烂得吃时只能用匙而不能用筷子，这就是苏东坡推崇的杏酪蒸羊羔。羊羔是北宋初期荤菜的一种常用主料，但是到宋哲宗元祐元年（1086），由于宣仁太后菩萨心肠一句话，宋哲宗赵煦便降旨从此"不得宰羊羔为膳"。因此，苏东坡欣赏的这款杏酪蒸羊羔，至元祐年以后便不见了。

从《东京梦华录》和《梦粱录》等宋人笔记中便可看出关于苏东坡所处年代杏酪蒸羊羔的做法，元代《居家必用事类全集》等书中的"碗蒸羊"做法可以作参考。根据这些书的记载，杏酪蒸羊羔应是将宰杀净治后的羊羔加调料放入大木碗或砂铫（类似后世砂锅）内，盖严，然后以小火在微开的水中隔水炖蒸而熟，吃时浇上杏酪即成。

烂蒸同州羊羔①，灌以杏酪②。食之以匕不以箸③。（《曲洧旧闻》）

【注释】

①同州：即今陕西省大荔县，那里产的羊是唐宋御用名产。

②杏酪：即杏仁磨成的浆，是宋元时一种特色调味品。

③匕：最初类似后世的食尺，后来为舀羹的匙。

外酥里嫩的东坡脯

脯在古代最初是指用牛、羊、猪肉加工成的肉条（片）干，这里的东坡脯则是煎炸鱼条。这款菜的名称及其菜谱，均见载于陈元靓《事林广记》，是宋代名菜中直接以东坡冠名的系列菜之一。据该书记载，东坡脯的做法是：将鱼洗净处理后取肉，切成寸条，用盐和醋腌一会儿，放在粗纸上将鱼条渗出的水吸尽，将香料和绿豆淀粉拌匀，放入鱼条，裹匀粉衣后，用手将粉衣轻轻拍实，再抹上芝麻油，炸熟即可。

根据与苏东坡饮食有关的宋代文献记载和适宜做炸鱼条的鱼类，这款菜的首选主料可能是鳜鱼，这份菜谱中关于鱼条粉衣的调制及其使用方法的描述，是中国菜史上将绿豆淀粉、香辛料和芝麻油组配为脆炸粉衣的首次记载。从鱼条粉衣的用料组配，可以推知这款东坡脯的最终成品，当以焦、脆、鲜、香、嫩为其风味特色。

东坡脯：鱼取肉，切作横条[①]，盐、醋淹片时[②]，粗纸渗干。先以香料同豆粉拌匀[③]，却将鱼用粉为衣，轻手捶开，麻油揩过，熬煎[④]。（《事林广记》）

【注释】

①横条：即长约一寸二的条。

②淹：今作"腌"。

③豆粉：绿豆淀粉。详见李时珍《本草纲目》"绿豆"条。

④熬煎：即煎炸。

津津有味的东坡煮鱼

　　东坡煮鱼是根据苏东坡煮鱼法的史料记载所起的菜名。有关苏东坡煮鱼法的记载，目前见到两条，这两条分别是《苏轼文集》卷五十一《与钱穆父十八二首》和卷七十三《煮鱼法》。根据这两条记载可以看出苏东坡煮鱼法的几个特点：其一，都是用无油水煮工艺制成。其二，在配料和调料的使用上，都有白菜心做配料，以姜汁、萝卜汁和酒制成调料汁去腥。这也可以理解为什么用无油水煮法就能做出被苏东坡称为"珍食"的鱼来。其三，在煮鳜鱼时用笋箪做配料，煮鲫鱼或鲤鱼则加入葱和橘皮做调料，都能起到去腥提鲜作用。其四，烹饪时用刀划鱼身两侧的方法，这样可使鱼更加入味。这种做鱼的方法现在也为百姓人家所常用。

　　新刻特蒙颁惠，不胜珍感。竹萌亦佳贶①，取笋簟②、菘心

《文会图》 北宋 赵佶绘

《歌乐图》 南宋 佚名绘

《听琴图》（局部） 北宋　赵佶绘

与鳜相对③，清水煮熟，用姜、芦服自然汁及酒三物等④，入少盐，渐渐点洒之，过熟可食。不敢独味此，请依法作，与老嫂共之。呵呵。(《苏轼文集》卷五十一《与钱穆父二十八首》之十四)

【注释】

①竹萌：竹笋。黄庭坚《答永新宗令寄石耳》诗："竹萌粉饵相发挥，芥姜作辛和味宜。"

②簟（diàn）：竹名。

③菘（sōng）：指白菜。鳜（guì）：淡水鱼，一称"桂鱼"，另称"花鲫鱼"。

④芦服自然汁：用压榨法取出的萝卜汁。

子瞻在黄州①，好自煮鱼。其法，以鲜鲫鱼或鲤治斫②，冷水下，入盐如常法，以菘菜心芼之③，仍入浑葱白数茎，不得搅。半熟，入生姜、萝蔔汁及酒少许，三物相等，调匀乃下。临熟，入橘皮线④，乃食之。其珍食者自知，不尽谈也。(《苏轼文集》卷七十三《煮鱼法》)

【注释】

①子瞻：苏轼的字。

②斫（zhuó）：用刀、斧等砍劈。

③芼（mào）：拌和。

④橘皮线：将橘子皮切成细丝条，可去腥提鲜。

鲜香至极的东坡羹

东坡羹的羹名出自苏东坡的《狄韶州煮蔓菁芦菔羹》一诗中，其原句为"谁知南岳老，解作东坡羹"。通观关于东坡羹用料和制法等内容的记载，可知东坡羹大致有四种，山芋、蔓菁、萝卜、荠菜分别是每一种东坡羹的主料，配料则完全一样，都是研米粉。与大多数餐食类的菜羹不同的是，这四种东坡羹都不放油盐酱醋。其中，以山芋为主料的被苏东坡称作"玉糁羹"，不放油盐酱醋、没有咸淡酸辣味的菜羹，在一般人看来可能难以下咽不堪食用，但在苏东坡的眼中却是"天然之珍"。

玉糁羹[1]：东坡一夕与子由饮[2]，酣甚[3]，槌芦菔烂煮[4]，不用他料，只研白米为糁食之[5]，忽放箸抚几曰："若非天竺酥酏[6]，人间决无此味！"（《山家清供·玉糁羹》）

【注释】

①玉糁羹：本文介绍的是用芦菔作料煮成的食品。

②东坡一夕与子由饮：一天晚上，苏东坡同弟弟子由饮酒。

③酣甚：（二人）喝得非常痛快。

④槌芦菔烂煮：将萝卜捶碎煮烂。中医认为萝卜可醒酒。

芦菔，即萝卜。

⑤只研白米为糁：只用磨成的米粉为芡，这里的"糁"相当于今日所言的芡。

⑥若非天竺酥酡：如果不是西天仙境的美味。

今日食荠极美①，天然之珍②，虽不甘于五味③，而有味外之美。其法：取荠一二升许，净择，入淘了米三合，冷水三升，生姜不去皮，捶两指大，同入釜中④，浇生油一蚬壳⑤，当于羹面上。不得触，触则生油气，不可食。不得入盐醋。君若知此味，则陆海八珍⑥，皆可厌也。天生此物，以为幽人山居之禄⑦，辄以奉传⑧，不可忽也。羹以物覆则易熟，而羹极烂乃佳也。（《与徐十三书》）

【注释】

①荠：即荠菜，春季时蔬。因其含天门冬氨酸、谷氨酸等呈鲜味物质，故味美可口。中医认为其可利肝和中、明目益胃。

②天然之珍：野生的珍味。

③五味：泛指各种味道。

④釜：古代的一种锅。

⑤蚬（xiǎn）壳（ké）：蚬子的甲壳。

⑥八珍：八种珍贵的食品。后泛指珍馐美味。

⑦幽人：指幽居之士。

⑧辄：是，就。

东坡羹，盖东坡居士所煮菜羹也。不用鱼肉五味，有自然之甘。其法以菘若蔓菁①、若芦菔、若荠，揉洗数过，去辛苦汁。先以生油少许涂釜②，缘及一瓷碗，下菜沸汤中。入生米为糁，及少生姜，以油碗覆之，不得触，触则生油气，至熟不除。其上置甑，炊饭如常法，既不可遽覆，须生菜气出尽乃覆之。羹每沸涌，遇油辄下，又为碗所压，故终不得上。不尔③，羹上薄饭，则气不得达而饭不熟矣。饭熟羹亦烂可食。若无菜，用瓜、茄，皆切破，不揉洗，入罨④，熟赤豆与粳米半为糁。余如煮菜法。应纯道人将适庐山⑤，求其法以遗山中好事者。以颂问之：

甘苦尝从极处回，咸酸未必是盐梅。问师此个天真味，根上来么尘上来？（《苏轼文集》卷二十《东坡羹颂（并引）》）

【注释】

①蔓菁：菜名，即"芜菁"。草本植物，块根肉质，也作"大头芥""大头菜"。

②釜：锅。

③不尔：不这样。

④罨：覆盖。

⑤应纯道人：苏轼的朋友。

时尚拼搭的东坡豆腐

以豆腐为主料的菜是宋代都市的一档美味潮流，而善于发现生活美的苏东坡，对豆腐更是情有独钟。一是喜食蜜渍豆腐，这在南宋人陆游《老学庵笔记》中有明确记载。二是榧子豆腐，这就是我们在这里要说的东坡豆腐。

"彼美玉山果，粲为金盘实"，这是苏东坡《送郑户曹赋席上果得榧子》诗中的两句。句中的"玉山果"即榧子，因宋代玉山（今浙江境内）所产的榧子最有名，故宋人又将榧子称作"玉山果"。榧子的种仁黄白色，气微香，味微甜，中医认为可杀虫消积令人能食，是一种食药两用果仁。这两句诗表明苏东坡十分推崇榧子，而将豆腐和榧子放到一起做成菜，这是"东坡豆腐"食材组配上的最大特点。苏东坡去世二十年后，南宋著名文人林洪将东坡豆腐的做法收入《山家清供》中。《山家清供》记载了东坡豆腐的两种做法，一种是先用葱油将豆腐煎一下，然后加入一二十枚榧子（末）和酱料同煮；另一种则是用酒煮。

东坡豆腐：豆腐葱油煎①，用研榧子一二十枚②，和酱料同

煮。又方，纯以酒煮，俱有益也。(《山家清供·东坡豆腐》)

【注释】

①豆腐葱油煎：应即用豆油煎。苏轼《物类相感志》："豆油煎豆腐，有味。"

②研榧(fěi)子：香榧，常绿乔木。春末开花，翌年秋季果熟。种子核果状，广椭圆形，初为绿色，后为紫褐色。种子供食用，可榨油和药用。这里研榧子指将香榧子炒香黄后，去壳和皮后研末。

食以寄志的陆游

粒粒醇香的谷物

陆游（1125—1210），字务观，号放翁，汉族，越州山阴（今绍兴）人，南宋文学家、史学家、爱国诗人。陆游诗文语言平易晓畅、章法整饬谨严，尤以饱含爱国热情对后世影响深远。陆游存诗数量，在中国古代诗人中也可拔得头筹，主要收录在《剑南诗稿》内，其中涉及的饮食种类极为丰富，内容也比较驳杂，有专门描摹刻画饮食的，也有以饮食题材为引另咏他物的。诗歌涵盖了主食、肉食、蔬菜水果、特色小吃等全部种类，记叙着陆游的平常生活，不论为官为民、在越在川，均有涉及。

与苏轼等宋朝诗人有显著的差异，他倾向于较为谨慎地选取食物，然后简约地加工食物，追求食物清淡爽口，而不耽于味欲。

陆游在《剑南诗稿》中有433首与谷类有关的诗歌。

其中陆游常吃的多为粳米饭、菰菜饭、青精饭、薏米饭等。陆游有时也会注重饮食情趣，例如在《初归杂咏》中，他炊了一甑桃花饭，可谓色、香、味俱全。在陆游常常食用的饭中，青精饭最为特别，林洪曾云："当时才名如杜、李，可谓切于爱君忧国矣，天乃不使之壮年以行其志，而使之俱有青精、瑶草之思，惜哉？"可见青精饭也暗含爱国之思，如此看来，陆游好吃青精饭，也是自然。粟饭也是陆游的喜好之一，如陆游在《山居食每不肉戏作》中所作，粟饭甘美，菘羹清甜，对于以"蔬粝送余生"的陆游而言，实为佳肴。

粳米饭

十一月上七日蔬饭骡岭小店

新粳炊饭白胜玉，枯松作薪香出屋。

冰蔬雪菌竞登槃[①]，瓦钵毡巾俱不俗。

晓途微雨压征尘，午店清泉带修竹。

建谿小春初出碾，一碗细乳浮银粟。

老来畏酒厌刍豢[②]，却喜今朝食无肉。

尚嫌车马苦縻人[③]，会入青云骑白鹿。

【注释】

①槃：同"盘"。

②刍（chú）豢（huàn）：指牛羊猪狗等牲畜。

③縻（mí）：捆，拴。

菰菜饭

樊江晚泊①

碧云吞日天欲暮，城西捩柂城东路②。

莼羹菰饭香满船③，正是江头落帆处。

荻洲渔火远更明，烟水苍茫闻雁声。

不是绿尊能破闷，白头客路若为情！

【注释】

①《樊江晚泊》：此诗淳熙十年春作于山阴。

②捩（liè）柂（duò）：亦作"捩舵、捩柁"。拨转船舵，指行船。

③菰饭：用菰米煮成的饭。

桃花饭

初归杂咏·其三

八十可怜心尚孩，看山看水不知回。

软炊香甑桃花饭，浅酌清尊竹叶醅①。

平地本知多陷阱，群儿随处觅梯媒②。

旷怀只待秋风起，十丈蒲帆海上开③。

【注释】

①醅（pēi）：没滤过的酒。

②梯媒：犹"媒介"。

③蒲（pú）帆（fān）：用蒲草编织的帆。

青精饭

有所怀

镜里形模日夜衰，三峰师友久暌离①。

芝房又失耘锄候，丹剂常思沐浴时②。

雷雨未成龙起晚，海天无际鹤归迟。

午窗一钵青精饭③，拣得香薪手自炊。

【注释】

①三峰：太华三峰。

②沐浴：《太上黄庭外景经》："沐浴华池生灵根。"周无所《金丹直指》："沐浴乃清静之义。"

③青精饭：江苏地区传统特色点心。又称乌米饭，用糯米与乌饭树叶汁煮成的饭，颜色乌青。为寒食节的食品之一。

粟　饭

山居食每不肉戏作

豯友留鱼不忍烹①，直将蔬粝送余生②。

二升畲粟香炊饭，一把畦菘淡煮羹③。

莫笑开单成净供，也能扪腹作徐行④。

秋来更有堪夸处，日傍东篱拾落英。

①豀（xī）友：指居住溪边寄情山水的朋友。

②粝（lì）：粗糙的米。

③菘（sōng）：即白菜。

④扪腹：抚摸腹部。多形容饱食后怡然自得的样子。

颇得意趣的面类

宋代面食极为丰富，陆游诗歌中记载的面食种类也十分丰富，但多为普通百姓之食，如馄饨、蒸饼等，鲜少出现城市中酒肆食店的佳肴。饼饵是陆游较喜爱的一种面食，据"重温寿酒屠苏酽，探借春盘饼饵香"（《立春前一日作》），可推测其应当是一种油煎的饼。陆游也好吃汤饼，汤饼类似今日的面条，陆游在《早饭后戏作》中描写了吃汤饼的趣事。同样是由汤煮之的，还有馄饨。《剑南诗稿》中有一首诗提到馄饨，便是"蒸饼犹能十字裂，馄饨那得五般来？"（《对食戏作》）可知在陆游生活的时代，馄饨已然在乡间流传了。宋代饼的种类很多，而陆游常吃的，还有蒸饼，陆游食用饼时，有时冷吃，有时又加入腌菜作配，还会伴着酒水细细品尝，颇得意趣。

饼 饵

荞麦初熟刈者满野喜而有作

城南城北如铺雪[①]，原野家家种荞麦。

霜晴收敛少在家[②]，饼饵今冬不忧窄[③]。

胡麻压油油更香，油新饼美争先尝。

猎归炽火燎雉兔[④]，相呼置酒喜欲狂。

陌上行歌忘恶岁[⑤]，小妇红妆穗簪髻[⑥]。

诏书宽大与天通，逐熟淮南几误计[⑦]。

【注释】

①铺雪：因荞麦夏至秋开白色或淡红色小花，所以这里形容像白雪铺在大地上。

②收敛：收获禾稼。

③饼饵：饼类食品的总称。据下文"胡麻压油油更香，油新饼美争先尝"推测，其应当是一种油煎的荞麦面饼。

④燎（liáo）：挨近火而烧。

⑤陌上：就是田间，有时也指不在城市中心。古代规定，田间小路，南北方向叫作"阡"，东西走向叫作"陌"。恶岁：荒年。

⑥红妆：指女子的盛妆。妇女的妆饰多红色，故称为红妆。

⑦误计：失算。

汤 饼

早饭后戏作

汤饼满盂肥羟香^①，更留余地著黄粱^②。

解衣摩腹西窗下^③，莫怪人嘲作饭囊^④。

【注释】

①盂（yú）：一种盛液体的器皿。羟（zhù）：出生五个月的小羊。

②黄粱：粟米名，即黄小米。

③摩：摸，抚。

④饭囊：装饭的口袋。比喻只会吃饭、不会做事的无用之人。

蒸 饼

蔬园杂咏·巢

昏昏雾雨暗衡茅^①，儿女随宜治酒肴。

便觉此身如在蜀，一盘笼饼是豌巢^②。

【注释】

①衡茅：衡门茅屋，简陋的居室。

②豌巢：元注："蜀中杂麕肉为巢馒头，佳甚。"

软糯简约的热粥

　　陆游十分喜爱食粥，尤其是生病之时，更是靠粥的给养，他在《野兴》中说自己是"老去饥羸惟恃粥，病来举动每须人"。故《剑南诗稿》中饮粥诗有104首之多，其中提及的粥的种类也很多。在食粥时，陆游会十分注重其养生之效，他在《斋居纪事》中记载了不少熬粥之方，多是以中药入粥，如地黄粥、枸杞粥、豆粥、菜粥、乳粥、佛粥、芋头粥等。

地黄粥

　　地黄粥①，用地黄二合②，候汤沸与米同下。别用酥二合，蜜一合，炒令香热贮器中，候粥欲熟，乃下。(《斋居纪事》)

【注释】

　　①地黄：一种多年生草本植物，叶长圆形并有皱纹，开淡紫色花。黄色根，中医入药，补血、强心。

　　②合：中国古代容量单位，一升的十分之一。

枸杞粥

　　枸杞粥，用红熟枸杞子，生细研，净布捩汁①，每粥一椀，用汁一盏②，加少炼熟蜜乃罂。(《斋居纪事》)

①捩（liè）：扭转。

②盏：小杯子。

齿颊生香的肉食

陆游在《剑南诗稿》中提到最多的肉便是鱼肉了，食用的方法主要有脍、煎、煮几种。所谓脍，应是将生肉切成薄片的做法，又可称为鱼生，陆游诗中便有"灶闲无马穴，釜冷有鱼生"（《戏作贫诗》）的说法。鱼生颇似今日的日本生鱼片，是陆游十分喜爱的食物。陆游也会煮鱼，鱼肉鲜嫩，以各类新鲜蔬菜辅之，十分美味。

陆游诗歌中也有食用猪蹄的记录。陆游家贫难得食肉，偶得猪蹄，便可称作"异味"。他记录的烹饪手法也全然不花哨，主要的烹饪手段是"蒸"。例如，《小饮》中有"蒸我乳下豚，翦我雨中韭"的记载。陆游平日会自己狩猎野鸡，猎得野鸡后，常以野鸡加豉，兼以蕨芽雪菌，食用时多与酒相配。《剑南诗稿》中提及的肉类还有兔肉，陆游制作兔肉多是直接烧烤，"呼儿烧兔倾浊醪，又倚胡床雨声里。"（《雨声》）兔肉油脂较多，对于脂肪摄入量不足的陆游而言，是十分美味的。

鱼脍

幽居

小舫藤为缆^①，幽居竹织门。

短篱围藕荡，细路入桑村。

鱼脍槎头美^②，醅倾粥面浑。

残年谢轩冕^③，犹足号黎元^④。

【注释】

①舫（fǎng）：小船。

②槎（chá）头：指槎头鳊，即鳊鱼。缩头，弓背，色青，味鲜美，人常用槎拦截。

③轩（xuān）冕（miǎn）：原指古时大夫以上官员的车乘和冕服，后借指官位爵禄或显贵的人。

④黎元：百姓、民众。

镜湖蟹

雨三日歌

秋风戒寒雨三日，空村无人暮萧瑟。

北窗书生万卷书，齿豁头童真可惜^①。

轮囷新蟹黄欲满，磊落香橙绿堪摘。

兴来尚能气吞酒，诗成不觉泪渍笔。

士生蓬矢射四方，扫平河雒吾侪职^②。

湖中隐士倘可逢，握手与君谈至夕。

【注释】

①齿豁头童：指齿落头秃，形容年老体衰的样子。豁，破缺；头童，老人秃顶。

②侪（chái）：等辈，同类的人们。

猪 蹄

贫居时一肉食尔戏作

身老便居僻，山寒喜屋低。

时犹赖僧米，那惜贷邻醯①。

汤饼挑春荠②，盘飧设冻齑③。

怪来食指动，异味得豚蹄。

【注释】

①醯（xī）：用于保存蔬菜、水果、鱼蛋、牡蛎的净醋或加香料的醋。

②荠（jì）：即荠菜，草本植物。十字花科。叶羽状分裂，花白色。嫩叶可食。全草入药。

③飧（sūn）：晚饭，亦泛指熟食，饭食。齑（jī）：捣碎的姜、蒜、韭菜等。

鹅肉、鸡肉

饭罢戏示邻曲

今日山翁自治厨，嘉肴不似出贫居。

白鹅肉美加椒后，锦雉羹香下豉初。

箭茁脆甘欺雪菌^①，蕨芽珍嫩压春蔬^②。

平生责望天公浅^③，扪腹便便已有余^④。

【注释】

①箭茁：笋芽。陆游《行在春晚有怀故隐》诗亦云："石帆山路凭回首，箭茁蓴丝正满槃。"

②蕨（jué）：植物的一大类，草本，很少木本，有根、茎和叶，用孢子繁殖，生长在森林和山野的阴湿地带，如"蕨""石松"等。春蔬：春日的菜蔬。

③责望：责怪抱怨。

④扪腹：抚摸腹部，多形容饱食后怡然自得的样子。便（pián）便：肥胖的样子。

千余首诗记果蔬

陆游的饮食不贪图口腹之欲，性好廉食追求本味，因而也十分推崇蔬食。在他的饮食题材诗歌中，蔬菜更是主要的描写对象之一，《剑南诗稿》中提及蔬菜水果的诗歌有千余首，内容之丰富实属罕见。

陆游最常食用的蔬菜为笋，笋几乎陪伴了陆游的全部饮食生涯。陆游在食笋时，最常用"烧"的制作方法，味道鲜而入味浓，是一道不可多得的佳肴。对于陆游而言，芋头和栗子也是较为喜爱的食物，陆游喜欢用"煨"的方法来制作栗子和芋头。陆游煨芋，用的是家中的地炉，其有"浑舍喜翁归，地炉煨芋熟"的诗句。

橙香橘美，是乡野生活中的一点亮色。陆游本人十分喜爱橙子的香味，他曾在多首诗歌中赞美其气味，如"梦回有恨无人会，枕伴橙香似昔年"（《悲秋》），"檐间雨滴愁偏觉，枕畔橙香梦亦闻"（《十二月九日枕上作》），枕畔留有橙香，可见陆游甚至将橙皮放在枕边以助安眠。

笋

陶山遇雪觉林迁庵主见招不果往

山中大雪二尺强[①]，道边虎迹如碗大。

衰翁畏虎复畏寒[②]，招唤不来公勿怪。

梨花开时好风日，走马寻公作寒食[③]。

不须沽酒饮陶潜[④]，箭笋蕨芽如蜜甜。

【注释】

①强：有余，略多于某数。

②衰翁：老翁，这里是作者的谦虚自称。

③寒食：吃冷的食物。《后汉书·卷六一·周举传》："太原一郡，旧俗以介之推焚骸，有龙忌之禁。至其亡月，咸言神灵不乐举火，由是士民每冬中辄一月寒食，莫敢烟爨。"

④陶潜：陶渊明（352 或 365—427）。名潜，字渊明，又字元亮，自号五柳先生，私谥"靖节"，世称靖节先生，东晋末至南朝宋初期伟大的诗人、辞赋家。

芋 头

即 事

云本无心木不材，平生得丧信悠哉。

钓鱼每过桐江宿，卖药新从剡县回①。

山圃莴蔓晨灌溉②，地炉芋栗夜燔煨③。

人情万变吾何预，笑口何妨处处开。

【注释】

①剡：古县名，西汉置，在今浙江嵊州市西南。

②莴（wō）：一年生或二年生草本植物，茎和嫩叶都是普通的蔬菜。分叶用和茎用两种，叶用的亦称"生菜"，茎用的亦称"莴笋"。

③燔（fán）煨（wēi）：泛指蒸煮。

茯 苓

道室即事·其二

松根茯苓味绝珍^①，甑中枸杞香动人。

劝君下箸不领略^②，终作邙山一窖尘^③。

【注释】

①松根：中药名。为松科植物马尾松或其同属植物的幼根或根皮。具有祛风除湿、活血止血之功效。茯苓：中药名。别名云苓、白茯苓。寄生在松树根上的一种块状菌，皮黑色，内部白色或粉红色，包含松根的叫茯神，都可入药。

②下箸（zhù）：用筷子夹取食物。

③邙（máng）山：山名，在河南省。一窖（jiào）尘：一穴尘埃。常指人世一切皆如一窖尘土，终至全消。

橙 子

风 雨

风雨连三日，衰翁不下堂。

弄书聊自适，与世已相忘。

坼栗经霜饱^①，搓橙带露香。

地炉供小饮^②，亦足慰凄凉。

【注释】

①坼（chè）：裂开，分裂。

②地炉：地上挖成的小坑，四周垫垒砖石，中间生火取暖。

殊滋异味的小吃

陆游诗歌中也会提及一些特色小吃，但种类不多，仅有粔籹、肉鲊两种。籹是古代的一种特色小吃。《集韵》中有"蜜饵，以面与蜜煎熬而成，吴谓之膏环"的记载。而林洪《山家清供》"寒具"条目下有"谓以米面煎熬作寒具是也"，根据林洪的记载，可知粔籹类似于环饼，应是以蜜和米面，做成环状后再用油煎炸而得的食物，颇为类似今日之馓子。陆游在《村兴》中写道："粔籹堆盘白，银韲出釜甜"，可证以上推测。

陆游也食用肉鲊。《剑南诗稿》中提到的鲊，主要有两种，一为鲤鱼鲊，在《秋郊有怀》中，陆游提到鲤鱼鲊，"藉藻颓鲤鲊，发奁苍兔卧"。除去鲤鱼，白鹅也可以制成鲊，有"黄雀万里行头颅，白鹅作鲊天下无"（《醉中歌》）诗句的记载可证。鲊对陆游而言，是珍罕之物，因而他才有"奇俎映玉盘，珍鲊开绿荷"（《玉盘》）的形容。

粔 籹

初夏郊行

小砚孤吟恐作愁，长堤曳杖且闲游^①。

破云山踊千螺翠^②，经雨波涵一镜秋。

粔籹青红村步市^③，阑干高下寺家楼^④。

去年此日君知否，十丈京尘没马头。

【注释】

①曳（yè）：拉，牵引。

②破云：穿透云层。

③粔（jù）籹（nǚ）：古代的一种食品。以蜜和面，搓成细条，组之成束，扭作环形，用油煎熟，犹今之馓子。又称寒具、膏环。

④阑干：竹木或金属条编成的栅栏，常置于阳台前或通道间。

鲤鱼鲊

当食叹

黄鹤举网收^①，锦雉带箭堕。

藉藻颒鲤鲊，发奁苍兔卧^②。

吾侪亦何心，甘味乐死祸。

贪夫五鼎烹，志士首阳饿。

请言观其终，孰为当吊贺。

八月黍可炊，五月麦可磨。

一饱端有余，努力事春簸③。

【注释】

①鷃（yàn）：指鷃鸟，头小尾短，羽毛赤褐色，杂有暗黄色条纹，肉味美，卵亦可食，又名黄鸽。

②奁（lián）：女子梳妆用的镜匣，泛指精巧的小匣子。

③春簸（bò）：春谷簸糠。

穷奢极欲的蔡京

天价蟹黄馒头

蔡京（1047—1126），字元长，北宋宰相。先后四次任宰相，任期达17年。其书法与散文成就显著，但性格凶狠狡诈，舞弄权术，常向皇帝进言要及时享乐。蔡京本人在饮食方面更是穷奢极欲，一掷千金。据曾敏行记载，蔡京做一盘蟹黄包的花费是一千三百贯钱，折合现代的人民币近30万元。相当于当时50户普通家庭一年的收入总和，堪称天价包子。

关于蔡京天价蟹黄包的做法现今不可考，但根据宋代开封最出名的小吃灌汤包子的做法可推知：将蟹黄熬成一锅浓汤，待温度下降，浓汤凝结，变成半透明的皮冻（宋朝称之为"水晶脍"）。再把皮冻与肉馅儿一起包成薄皮大馅儿的包子，放在铺满松针或荷叶的小笼屉里蒸。熟透时皮冻在小笼包里彻底化开，将包子撑得鼓鼓的，轻轻一按，咬上一口，汁液飞溅。

蔡元长为相日，官吏数百人，俸给优异①。一日，集僚属会议②，固留食，命作蟹黄馒头。饮罢，吏为略计其费，计馒头一味，为钱千三百余缗③。又尝要客，宴于其家，酒酣④，顾谓库吏曰：取江西官员所进盐豉来⑤。吏以十瓶飨客⑥，分食之，乃黄雀脯也。(《独醒杂志》卷七)

【注释】

①俸给：俸禄；薪金。《宋史·赵禼传》："朝廷欲官其任事之首，镌岁赐以为俸给。"

②僚属：同僚或部属。

③缗（mín）：古代计量单位，钱十缗即十串铜钱，一般每串一千文。

④酒酣：饮酒尽兴而呈半醉状态。

⑤盐豉：即豆豉。用黄豆煮熟霉制而成，常用以调味。

⑥飨（xiǎng）：用酒食招待客人，泛指请人受用。

荒谬不仁黄雀脯

黄雀比鹌鹑大不了多少，叫声清脆，样子可爱，但却经常成为宋朝人饭桌上的食物。无论在《武林旧事》中清河郡王张俊招待高宗皇帝的盛筵上，还是在《东京梦华录》中开封夜市的地摊上，都成了人们的口中食。据宋人笔记《独醒杂志》记载，蔡京做宰相的时候，江西地方官送他九十多瓶"咸豉"，打开一瞧，竟然是用黄雀胃加工的"黄雀肚"。从此，这道腌制品因蔡京而成为奢侈淫靡的代表美食。后因手段残忍、做法繁复，于明清之后失传。

每只洗净，用酒洗，拭干，不犯水。用麦黄、红曲①、盐、椒、葱丝，尝味和为止。却将雀入扁坛内，铺一层，上料一层，装实，以箬盖篾片扦定②。候卤出，倾去③，加酒浸，密封久用。(《中馈录》)

【注释】

①红曲：一种调制食品的材料，可供制造红糟、红酒及红腐乳等。中医入药，活血消食。

②箬（ruò）：一种竹子，叶大而宽，可编竹笠，又可用来包粽子。篾（miè）：劈成条的竹片，亦泛指劈成条的芦苇、高粱秆皮等。扦（qiān）：用金属或竹、木制成的一种针状器具，有的带有底座。

③倾去：倒出去。

鹌鹑羹里的告诫

蔡京最爱吃鹌鹑羹，据说蔡京的鹌鹑羹里，只取鹌鹑的舌头作为食材，每做一道需要杀数百只。这不仅反映蔡京厨房的规模，也可见其残忍骄纵。据《庚溪诗话》记载，蔡京因杀戮鹌鹑过多，一天夜里梦见数千只鹌鹑向他哭诉。蔡京一下子就吓醒了，此后再不敢折腾鹌鹑。

食君廪间粟①，作君羹内肉。一羹数百命，下箸犹未足。羹肉何足论，生死犹转毂②。劝君宜勿食，祸福相倚伏③。（《庚溪诗话》）

【注释】

①廪（lǐn）：米仓，亦指储藏的米。

②转毂（gū）：飞转的车轮。比喻迅速。

③倚伏：互相依存，互相影响。语本《道德经·第五八章》："祸兮福之所倚，福兮祸之所伏。"

雅吃好食的宋代精英

杨万里：茶汤里面也有拉花

中国人饮茶已有几千年的历史，在宋代，人们喝茶喝出了新花样。当时有一项饮茶的技艺叫"分茶"，"分茶"又称为茶百戏、汤戏、茶戏、水丹青等，在煮茶时使茶汁的纹脉形成物象，与现在的咖啡拉花有异曲同工之妙。宋代文人玩茶百戏的大有人在，杨万里便是极具代表性的一位。

杨万里（1127—1206），字廷秀，号诚斋。吉州吉水（今江西省吉水县黄桥镇湴塘村）人。南宋大臣，著名文学家、爱国诗人，与陆游、尤袤、范成大并称"南宋中兴四大诗人"，被誉为一代诗宗。其诗《澹庵坐上观显上人分茶》便详细描绘了其观和尚分茶的情景。这位老和尚分茶，不但能使茶汤中出现种种奇异物象，还能使茶汤中出现气势磅礴的文字，令人惊叹。

澹庵坐上观显上人分茶①

分茶何似煎茶好，煎茶不似分茶巧。

蒸水老禅弄泉手②，隆兴元春新玉爪③。

二者相遭兔瓯面④，怪怪奇奇真善幻。

纷如擘絮行太空⑤，影落寒江能万变⑥。

银瓶首下仍尻高⑦，注汤作字势嫖姚⑧。

不须更师屋漏法⑨，只问此瓶当响答。

紫微仙人乌角巾⑩，唤我起看清风生。

京尘满袖思一洗⑪，病眼生花得再明。

叹鼎难调要公理⑫，策动茗碗非公事。

不如回施与寒儒⑬，归续茶经傅衲子⑭。

【注释】

　　①澹庵：即胡铨，号澹庵，宋庐陵人。分茶：又名"水丹青""茶百戏"，是在点茶时使茶汤的纹脉形成物象。

　　②老禅：老和尚，即显上人。

　　③隆兴：宋孝宗年号（1163—1164）。元春：元旦。玉爪：爪形玉质的煮茶器具。

　　④兔瓯：褐色的茶碗，又称兔毫盏。

　　⑤擘絮：分散的状如棉絮的云。

　　⑥寒江：比喻茶汤。

　　⑦首下：头朝下。这里指银瓶注汤时，瓶底朝上。

⑧嫖姚：勇健轻捷。

⑨师：效仿，学习。屋漏法：书法术语，要求写竖时笔不可一泻而下，须手腕左右抖动，顿挫行笔，如屋漏时水沿墙壁蜿蜒而下状。

⑩紫薇仙人：指老和尚，即显上人。乌角巾：隐士所戴的黑色头巾。

⑪京尘：从京城带回的尘垢。

⑫叹鼎：大鼎。

⑬寒儒：作者自称。

⑭衲子：僧人的衣服常用多块旧布补缀而成，所以衲子为僧人的代称。

黄庭坚：谐趣调侃的催讨诗

北宋文人常在诗歌中描写日常饮食，果蔬进入诗歌题材，便兼具了实用和审美。这些果蔬诗中的果蔬描写也是宋代日常饮食生活的一面镜子，为我们了解北宋时期人们的饮食习惯提供了诗意的参考。

黄庭坚（1045—1105），字鲁直，号山谷道人，晚号涪翁，北宋著名文学家、书法家，盛极一时的江西诗派开山之祖。生前与苏轼齐名，世称"苏黄"。在黄庭坚的《欧阳从道许寄金橘以诗督之》中，作者寄诗提醒友人秋天来了，金橘已经成熟，而朋友答应赠送的果篮却还没有送到，以此诗来督促友人不要忘记曾经的承诺。黄庭坚的"催讨诗"充满了与友人之间的玩笑谐趣，蕴含生活情趣。无独有偶，元符二年，黄庭坚移居戎州时还曾向人乞笋，友人黄斌老家栽了很多苦竹，于是其在《从斌老乞苦笋》中说，笋比肉还要美味，拜托朋友再寄一些过来，不要等到明日风雨一过，竹笋长成竹子。从这些诗中，我们既能看到一个直爽的诗人形象，又可以感受到黄庭坚与朋友之间的亲密友谊。

欧阳从道许寄金橘以诗督之

禅客入秋无气息[1]，想依红袖醉毰毸[2]。

霜枝摇落黄金弹[3]，许送筠笼殊未来[4]。

【注释】

①禅客：指俗家参禅者。

②毰（péi）毸（sāi）：羽毛奋张的样子。

③黄金弹：指金橘。

④筠（yún）笼：竹篮之类的盛器。

从斌老乞苦笋[1]

南园苦笋味胜肉[2]，箨龙称冤莫采录[3]。

烦君更致苍玉束④，明日风雨皆成竹⑤。

【注释】

①斌老：黄斌老，潼川府安泰（今四川盐亭县东北）人。

②南园：斌老所居。胜：超过。

③箨龙：指苦笋。录：采取。

④苍：草色，引申为青黑色。这里形容苦笋的颜色。

⑤成竹：白居易《食笋》诗云："且食勿踟蹰，南风吹作竹。"

王安石：宰相仅以烧饼待客

宋代的胡饼类似于现今的烧饼，香酥可口，易于保存，是社会各阶层民众生活中必不可少的食品。胡饼的流行，体现了汉风胡俗的交汇融合，也体现了宋王朝的开放、进步与包容。宰相王安石与烧饼之间有一段佳话。

王安石（1021—1086），字介甫，号半山，北宋著名的思想家、政治家、文学家、改革家。王安石虽贵为宰相，政绩显著，但仍艰苦朴素，勤俭持家，不铺张浪费，不以权谋私。《独醒杂志》卷二中记载，"胡饼两枚""猪脔数四"和"菜羹"即是王安石的待客之道。萧氏子明显是一个嫌贫爱富、阿谀奉承之人，对于王安石准备的吃食，只吃了胡饼的中间一点。王安石把他吃剩的"四傍"胡饼"自食之"，这与萧氏子的骄纵形成了鲜明的对比。即使对方是自己的亲戚，王安石也丝毫不违背自己的原则，以自己的言行，委婉地讽刺了那些骄纵之人。

王荆公在相位，子妇之亲萧氏子至京师①，因谒公，公约之饭。翌日，萧氏子盛服而往，意谓公必盛馔②。日过午，觉饥甚而不敢去。又久之，方命坐，果蔬皆不具，其人已心怪之③。酒三行④，初供胡饼两枚，次供猪臠数四⑤，顷即供饭，傍置菜羹而已。萧氏子颇骄纵⑥，不复下箸，惟啖胡饼中间少许⑦，留其四傍，公顾取自食之。其人愧甚而退⑧。（《独醒杂志》卷二）

【注释】

①子妇之亲：儿媳妇家的亲戚。

②馔（zhuàn）：准备食物。

③怪：感到……奇怪。

④酒三行：指喝了几杯酒。给客人斟一次酒，为"一行"。

⑤臠（luán）：切成小块的肉。

⑥纵：惯养。

⑦啖（dàn）：吃。

⑧愧：感到……羞愧。

欧阳修：令文坛领袖念念不忘的阜阳螃蟹

螃蟹为唐宋文人雅客所喜爱，美酒、明月、菊花、螃蟹常常一起出现在古代诗词中。持螯赏菊，举杯邀月，更是古代文人聚会中的一件雅事。宋朝大文学家欧阳修就很爱吃螃蟹，欧阳修（1007—1072），字永叔，号醉翁、六一居士，北宋政治家、文学家。后人又将其与韩愈、柳宗元和苏轼合称"千古文章四大家"，居"唐宋散文八大家"之列。

从欧阳修于治平四年写的《戏书示黎教授》中可看出，虽然他此时身在亳州，但对阜阳的螃蟹始终念念不忘。退休之前，他曾给大儿子欧阳发写信说，阜阳的螃蟹物美价廉，计划晚年要搬到阜阳吃蟹。欧阳修晚年真的在阜阳西湖岸边盖了房子，喝酒吃蟹，优游终日，过上了苏轼都非常羡慕的神仙生活。

戏书示黎教授①

古郡谁云亳陋邦②，我来仍值岁丰穰③。

乌衔枣实园林熟④，蜂采桧花村落香⑤。

世治人方安垅亩，兴阑吾欲反耕桑。

若无颍水肥鱼蟹⑥，终老仙乡作醉乡⑦。

【注释】

①教授：古时设置在地方官学中的学官。此处应指亳州州学教授，姓黎。

②亳：地名，今安徽亳州。

③丰穰（ráng）：丰收。

④乌：乌鸦。古人以为孝鸟。

⑤桧（guì）：木名，又名圆柏、桧柏。柏科，常绿乔木。

⑥颍：颍州。今安徽阜阳。

⑦仙乡：亳州传为老子故里，老子为道教鼻祖。故亳州被称为仙乡。醉乡：典故。出自王绩《醉乡记》："醉之乡，去中国不知其几千里也。其土旷然无涯，无丘陵阪险；其气和平一揆，无晦明寒暑；其俗大同，无邑居聚落；其人甚精，无爱憎喜怒，吸风饮露，不食五谷；其寝于于，其行徐徐，与鸟兽鱼鳖杂处，不知有舟车械器之用。"

水谷夜行寄子美圣俞①

寒鸡号荒林，山壁月倒挂。

披衣起视夜，揽辔念行迈②。

我来夏云初，素节今已届③。

高河泻长空④，势落九州外⑤。

微风动凉襟，晓气清余睡。

缅怀京师友，文酒邈高会。

其间苏与梅，二子可畏爱。

篇章富纵横，声价相摩盖⑥。

子美气尤雄，万窍号一噫⑦。

有时肆颠狂，醉墨洒滂沛⑧。

譬如千里马，已发不可杀。

盈前尽珠玑，一一难柬汰。

梅翁事清切⑨，石齿漱寒濑⑩。

作诗三十年，视我犹后辈。

文词愈清新，心意虽老大。

譬如妖韶女⑪，老自有余态。

近诗尤古硬，咀嚼苦难嘬⑫。

初如食橄榄，真味久愈在。

苏豪以气轹⑬，举世徒惊骇。

梅穷独我知，古货今难卖。

二子双凤凰，百鸟之嘉瑞。

云烟一翱翔，羽翮一摧铩⑭。

安得相从游，终日鸣哕哕⑮。

问胡苦思之，对酒把新蟹。

【注释】

①水谷：即水谷口，在今河北保定市至唐县之间。子美：苏舜钦（1008—1049）的字，北宋诗人、书法家。与宋诗"开山祖师"梅尧臣合称"苏梅"。有《苏学士文集》诗文集，《苏舜钦集》

16卷，《四部丛刊》影清康熙刊本。圣俞：梅尧臣（1002—1060）的字。世称宛陵先生，北宋官员、现实主义诗人，给事中梅询从子。梅尧臣少即能诗，与苏舜钦齐名，时号"苏梅"，又与欧阳修并称"欧梅"。

②辔（pèi）：马缰绳。行迈：行程遥远。

③素节：秋季。届：来临。

④高河：高空的银河。

⑤九州：传说禹分中国为九州。更有大九州说，以为除中国外，尚有与中国相类似的八个州，合中国为九州。

⑥相摩盖：彼此不分上下，互为雄长。

⑦窍：洞穴。

⑧醉墨：指酒醉后作诗写字。

⑨事清切：从事清淡、切要的诗歌创作。

⑩漱：洗。濑：流得很急的水。

⑪妖韶：美好。

⑫喍（chuài）：咬。

⑬气轹（lì）：气势逼人。

⑭摧铩（shā）：摧落。

⑮哕（huì）哕：鸟鸣声。

强至：果蔬酬和赠答诗

在宋代文人笔下，果蔬成了亲友之间交流的桥梁，文人之间往往互赠果蔬为礼物，并由此引发一系列的唱和。从北宋诗人强至的诗中便可得证。

强至，字几圣，庆历六年进士，充泗州司理参军，历官浦江、东阳、元城令。强至的《张升甫惠新笋走笔代简谢之》与《升甫旋和答复走笔酬之》就是感谢友人赠笋之作和得到友人的唱和后再次以诗相答之作。两首诗的韵律与情感内容均一致，并且都用了"忆莼鲈"的典故，第一首说用竹笋招待客人已是美事，只是遗憾汤中少了一点莼菜。第二首说有渭川的美食为餐，但是还是想念莼菜的美味，借以表达了诗人的乡愁。

张升甫惠新笋走笔代简谢之

粉箨迎霜嫩更匀①，中厨未有许尝新。

明朝便好供佳客，只恨杯羹欠紫莼②。

【注释】

①粉箨（tuò）：竹笋的外壳。

②恨：遗憾。欠：缺少。紫莼（chún）：指莼菜的紫色茎及卷叶，可食。

升甫旋和答复走笔酬之

嫩箨斑斑玳点匀[①]，圆肤细细玉条新。
渭川美实容先食[②]，却向秋风懒忆莼[③]。

【注释】

①玳（dài）：即玳瑁，海中像大龟的爬行动物，甲壳黄褐色，有黑斑，很光滑，可做装饰品，或入药。

②渭川：即渭水。亦泛指渭水流域。美实：丰美的食物或果实。容：让。

③忆莼：即忆莼鲈。南朝宋人刘义庆《世说新语·识鉴》："张季鹰（张翰）辟齐王东曹掾，在洛见秋风起，因思吴中莼菜羹、鲈鱼脍，曰：'人生贵得适意尔，何能羁宦数千里以要名爵！'遂命驾便归。"后以"忆莼鲈"喻思乡或归隐之念。

朱熹：嗜辣的宋代大儒

朱熹，字元晦，又字仲晦，号晦庵，宋朝著名的理学家、思想家、哲学家、教育家、诗人，闽学派的代表人物，儒学集大成者，世尊称为朱子。朱熹是唯一非孔子亲传弟子而享祀孔庙的人，位列大成殿十二哲者中，受儒教祭祀。朱熹是"二程"（程颢、程颐）的三传弟子李侗的学生，与"二程"合称"程朱学派"。

朱熹的理学思想对元、明、清三朝影响很大，成为三朝的官方哲学，是中国教育史上继孔子后的又一人。据《山家清供·考亭蒏》所记，朱熹每次饮酒之后都会吃一些蒏菜，蒏菜既可入菜肴又具有一定的药用价值，味道比较辛辣，所以又有"辣米菜"的别称。在朱熹的诗集中也有两首诗写到了对于蒏菜的喜欢，分别是《蒏》《蒏菜次刘秀野蔬食十三韵之一》。可见这位宋代大儒饮食偏嗜辛辣之味。

考亭先生每饮后[①]，则以蒏菜供[②]。蒏，一出于盱江[③]，分于建阳[④]；一生于严滩石上[⑤]。公所供盖建阳种。集有《蒏》诗可考。山谷孙嵎[⑥]，以沙卧蒏，食其苗，云：生临汀者尤佳[⑦]。（《山家清供·考亭蒏》）

【注释】

①考亭先生：指宋代大儒朱熹，朱熹晚年定居于建阳考亭，创办了著名的考亭书院聚众讲学，故被称为"考亭先生"，后世也称其学派为"考亭学派"。

②蒏（hàn）菜：一年生草本植物，通常作为蔬菜食用。也具有药用价值，《本草拾遗》称其去冷气，腹内久寒，饮食不消，令人能食。

③盱（xū）江：盱江古称"汝水"，是江西省第二大河流抚河的上游。

④建阳：古属建宁府建阳县，位于福建省南平市北部85公里处，建溪上游，武夷山南麓，另称潭城，是福建省最古老的五个县邑之一。

⑤严滩：在今浙江桐庐南，相传为东汉隐士严子陵隐居垂钓处。

⑥山谷：即黄庭坚。孙崿（è）：黄庭坚的孙子，黄崿。

⑦汀（tīng）：水边平地，小洲。

蕈

灵草生何许①，风泉古涧旁②。

褰裳勤采撷③，枝箭嗅芳香。

冷入玄根閟④，春归翠颖长。

遥知拈起处，全体露真常。

【注释】

①何许：何处。

②涧：夹在两山间的水沟。

③褰（qiān）裳（cháng）：提起衣裳。《诗经·郑风·褰裳》："子惠思我，褰裳涉溱。"采撷（xié）：摘取。唐人王维《相思》诗："愿君多采撷，此物最相思。"

④閟（bì）：幽深的。

蓴菜次刘秀野蔬食十三韵之一

小草有真性①，

托根寒涧幽②。

懦夫曾一嗒③，

感愤不能休。

【注释】

①真性：本性；天性。

②托根：犹寄身。

③懦夫：软弱的人。嗒（zuō）：吃下去。

百姓日常里的风味人间

现代饮食习惯的滥觞

古时中国人基本上只有两餐，对应农耕的开工和收工的时间。朱熹在《论语集注》中云"朝曰饔，夕曰飧"。讲的就是早上一顿饭，下午一顿饭的两餐制。这一饮食习惯从东周一直延续到了隋唐。

但到了宋朝，随着宵禁的解除，繁华的夜生活开始流行，于是很多人养成了入夜后再吃一顿饭的习惯。据《梦粱录》记载："杭城大街，买卖昼夜不绝。夜交三四鼓，游人始稀；五鼓钟鸣，卖早市者又开店矣。"可见南宋时的部分市民，已经开始了一日三餐的饮食习惯。甚至很多市民的生活中，会在两餐之间再吃一次"点心"，不过宋代的点心主要是指加餐，即早晚两餐之外的一切食物。值得注意的是，宋代三餐制的流行并不意味着两餐制的完全消失。

右伏以一片闲田①，几度卖来还自买；千年公案，这回拈出又重新。壮观复兴，家风大振。堂开水陆，普资百千万亿众生；藏湧龙宫②，一转五千四十八卷。成此无边功果，是名最上福田。

众大檀越维持③，一刹那间成就。四通八达，不妨旧店新开；一日三餐，要使饥人饱去。请挥椽笔④，速注宝衔。(《建净土院疏》)

【注释】

①闲田：无人耕种的荒地。

②湧：同"涌"。

③檀越：梵语的音译。施主。

④椽（chuán）笔：《晋书·王珣传》："珣梦人以大笔如椽与之，既觉，语人云：'此当有大手笔事。'俄而帝崩，哀册谥议，皆珣所草。"后因以"椽笔"指大手笔，称誉他人文笔出众。

与诸友汲同乐泉烹黄蘗新芽

谢 薖

寻山拟三餐①，放箸欣一饱②。汲泉泣铜瓶，落硙碎鹰爪。
长为山中游，颇与世路拗。矧此好古胸③，茗椀得搜搅。
风生觉泠泠④，祛滞亦稍稍。夜深可无睡，澄潭数参昴⑤。

【注释】

①寻山：游山。

②放箸：谓纵意大嚼。

③矧（shěn）：况且，亦。

④泠（líng）泠：形容清凉、冷清。

⑤参（cān）昴（mǎo）：参星和昴星。

夏日寺居和酬叶次公

林 逋①

午日猛如焚②，清凉爱寺轩。鹤毛横藓阵，蚁穴入莎根③。

社信题茶角，楼衣笕酒痕，中餐不劳问④，笋菊净盘尊。

【注释】

①林逋：字君复，后人称为和靖先生、林和靖，北宋著名隐逸诗人。宋仁宗赐谥"和靖"。林逋隐居西湖孤山，终生不仕不娶，唯喜植梅养鹤，自谓"以梅为妻，以鹤为子"，人称"梅妻鹤子"。

②午日：中午。

③莎：莎草，多年生草本植物，地下的块根称"香附子"，可入药。

④中餐：午饭。

主食当道

饼食和包子

宋代饮食在主食方面，北方地区以麦、黍种植为主，因此以面食为主、米食为辅；南方地区则以稻米种植为主，饮食上便以米食为主、面食为辅。不过因为南北交融频繁，所以南北方的主食种类也是丰富和流动的。

面粉与水相遇，创造出奇妙的变化，在巧手中获得了强大的生命力。宋代的面食主要有蒸饼、馒头、包子、馄饨、饺子、汤饼。其中蒸饼早在唐代已有，但是到了宋代，仁宗赵祯登基，由于"蒸"犯"祯"讳，人们遂将蒸饼改称炊饼。《水浒传》中武大郎卖的炊饼，就是蒸饼，类似于今天的馒头。不过宋代的馒头中还经常有精细多样的馅儿料，《梦粱录》中记载的就有糖肉馒头、羊肉馒头、鱼肉馒头、蟹肉馒头等多种馅儿料的馒头。此外，包子也很常见，宋代的馒头和包子差不多，区别就是馅儿的多少。

蒸作从食：子母茧^①、春茧^②、大包子、荷叶饼^③、芙蓉饼、寿带龟、子母龟、欢喜^④、捻尖、剪花、小蒸作、骆驼蹄^⑤、太学馒头^⑥、羊肉馒头、细馅、糖馅、豆沙馅、蜜辣馅、生馅、饭馅、酸馅^⑦、笋肉馅、麸蕈馅、枣栗馅、薄皮、蟹黄、灌浆、卧炉、鹅项、枣锢、仙桃、乳饼^⑧、菜饼、秤锤蒸饼^⑨、睡蒸饼^⑩、千层、月饼……诸色夹子、诸色包子、诸色角儿、诸色果实、诸色从食。

（《武林旧事·蒸作从食》）

【注释】

①子母茧：大春卷套小春卷。

②春茧：食品名。犹今之春卷。

③荷叶饼：用现成的荷叶模子将面压成荷叶状的小面片，刷上油，上笼蒸熟。

④欢喜：欢喜团，此物源出印度，唐朝时随佛经传入中土。面粉、米粉、砂糖、蜂蜜，四样混合，揉匀，掐开，搓成一颗颗小圆球，顶端印花，或用花瓣染色，最后抹上香油，上笼蒸熟。

⑤骆驼蹄：重阳节期间的传统小吃，在重阳糕里塞入肉馅儿，捏出两个尖儿来，平底朝下，上笼蒸熟。

⑥太学馒头：北宋后期，奸臣蔡京秉政，此人为收买人心，连续三次改善太学生的伙食，使太学食堂里的馒头越做越好，闻名开封。北宋灭亡后，太学的厨子流亡杭州，捎带着将太学

馒头的招牌传到了南宋。

⑦酸馅：酸菜馅儿。

⑧乳饼：奶豆腐。用牛奶或山羊奶制成。用山羊奶制成的质量最好，白色块状，酷似豆腐块。蘸白糖、椒盐生吃或者油煎吃都很爽口。

⑨秤锤：秤砣。蒸饼：也叫炊饼，类似馒头。

⑩睡蒸饼：比秤锤蒸饼矮而扁，俗称"扁馍馍"。

暇日①，过大理寺②，访秋岩陈评事介③。留饮。出二童，歌渊明《归去来辞》，以松黄饼供酒④。陈角巾美髯⑤，有超俗之标。饮边味此，使人洒然起山林之兴，觉驼峰、熊掌皆下风矣。

春末，采松花黄和炼熟蜜，匀作如古龙涎饼状⑥，不惟香味清甘，亦能壮颜益志⑦，延永纪筭⑧。（《山家清供·松黄饼》）

【注释】

①暇（xiá）日：空闲的时日。《孟子·梁惠王上》："壮者以暇日修其孝悌忠信。"

②大理寺：官署名。中央司法机构。北齐定制，历代沿置，掌司狱定刑，长官为大理寺卿。

③评事：职官名。汉设立廷尉平，隋改为评事，为评决刑狱的官吏，到清末才废除。

④松黄：即松花。

⑤角巾：方巾，有棱角的头巾。为古代隐士冠饰。美髯：

长而美的胡须。

⑥龙涎：一种香料。凝结如蜡，得自鲸鱼内脏。

⑦壮颜：少壮时的容颜；壮美的容颜。

⑧筭（suàn）：古同"算"，计算。

宿蒸饼①，薄切，涂以蜜，或以油，就火上炙②。铺纸地上，散火气。甚松脆③，且止痰化食。杨诚斋诗云："削成琼叶片，嚼作雪花声④。"形容尽善矣⑤。(《山家清供·酥琼叶》)

【注释】

①宿蒸饼：隔夜的蒸饼。

②炙：烤。

③松脆：谓食物酥脆味美。

④"削成"二句：见杨万里《炙蒸饼》："圆莹僧何矮，清松絮尔轻。削成琼叶片，嚼作雪花声。炙手三家市，焦头五鼎烹。老夫饥欲死，女辈且同行。"

⑤尽善：特别好。

白术用切片子①，同石菖蒲煮一沸②，曝干为末，各四两，干山药为末三斤，白面三斤，白蜜炼过三斤③，和作饼，曝干收。候客至，蒸食，条切。亦可羹。章简公诗云："术荐神仙饼，菖蒲富贵花。"(《山家清供·神仙富贵饼》)

【注释】

①白术（zhú）：植物名。菊科苍术属，多年生草本。茎高二三尺，叶大，椭圆形。秋日开红色筒状花，头状花序。根块状，肉黄白色。味微甘，有异香，供药用。

②石菖（chāng）蒲（pú）：植物名。天南星科石菖属，常绿性多年生草本。全株具特异的香气。可供观赏及入药用。民间习俗于端午节时，束其叶插于檐前，以为避邪。

③白蜜：白色的蜂蜜。多数指结晶后的洋槐花蜂蜜。

姜薄切①，葱细切②，各以盐汤焯。和白糖、白面，庶不太辣③。入香油少许④，炸之，能去寒气。朱晦翁《论语注》云⑤："姜通神明⑥。"故名之。（《山家清供·通神饼》）

【注释】

①薄切：切成薄片。

②细切：切成细丝。

③庶：希望。

④少许：些微、一点点。

⑤朱晦翁：朱熹。

⑥姜通神明：朱熹《论语集注·乡党》注："姜通神明，去秽恶，故不撤。"

食蒸饼作

杨万里

何家笼饼须十字[1]，萧家炊饼须四破。

老夫饥来不可那，只要鹘仑吞一个[2]。

诗人一腹大于蝉，饥饱翻手覆手间。

须臾放箸付一莞[3]，急唤龙团分蟹眼[4]。

【注释】

①笼饼：馒头的古称。

②鹘（hú）仑：完整，整个儿的意思。

③须臾：片刻、一会儿。一莞：犹一笑。

④龙团：宋时专供皇帝饮用的上等茶。将茶制成圆饼状，上印龙凤图纹。也称"龙凤茶"。

馄饨和角子

宋代面食系列中，小型包馅儿面食馄饨和饺子也很流行。南北朝时，馄饨就被称为"天下通食"。到宋朝，人们对馄饨更加喜爱，做得精细而味美，喜庆、节日、宴客等场合，馄饨也都必不可少。汴京、临安市场上均有馄饨店。据《梦粱录》记载，临安"六部前丁香馄饨，此味精细尤佳"。至于馄饨的详细做法，在宋代浦江吴氏《中馈录》"馄饨方"中有详细记载。宋代的另一变化是饺子从馄饨中分离出来，有"角子""角儿""馉饳儿""扁食"等多个称谓。

刘禹锡煮樗根馄饨皮法[①]：立秋前后，谓世多痢及腰痛。取樗根一大两握[②]，捣筛，和面，捻馄饨如皂荚子大[③]。清水煮，日空腹服十枚。并无禁忌。

山家良有客至，先供之十数，不惟有益[④]，亦可少延早食。椿实而香[⑤]，樗疏而臭，惟椿根可也。（《山家清供·椿根馄饨》）

【注释】

①刘禹锡：字梦得，籍贯河南洛阳，自称"家本荥上，籍占洛阳"，又自言系出中山，其先为中山靖王刘胜。唐朝时期大臣、文学家、哲学家，有"诗豪"之称。樗（chū）：即"臭椿"。树皮平滑而有淡白色条纹，幼枝有暗黄、赤褐色细毛，其叶有臭气。

②两握：指双拳。

③皂荚子：皂荚子是皂荚树的种子，可入药，具有润燥通便、祛风消肿等作用。呈长椭圆形，一端略狭尖。

④不惟：不仅；不但。

⑤椿（chūn）：落叶乔木，嫩枝叶有香味，可食。

采笋、蕨嫩者[①]，各用汤煠。以酱、香料、油和匀，作馄饨供。向者[②]，江西林谷梅少鲁家，屡作此品。后，坐古香亭下，采芎[③]、菊苗荐茶,对玉茗花④,真佳适也。玉茗似茶少异⑤,高约五尺许,今独林氏有之。林乃金石台山房之子,清可想矣。(《山家清供·笋蕨馄饨》)

【注释】

①蕨(jué):蕨菜。多年生草本植物,根茎长。嫩叶可食。

②向者:以往,从前。

③芎(xiōng):多年生草本植物,羽状复叶,白色,果实椭圆形。产于四川和云南。全草有香气,地下茎可入药。亦称"川芎"。

④玉茗花:山茶花的别称。

⑤异:不同的。

朝廷大朝会庆贺排当①,并如元正仪,而都人最重一阳贺冬②,车马皆华整鲜好③,五鼓已填拥杂遝于九街④。妇人小儿,服饰华炫,往来如云。岳祠⑤、城隍诸庙⑥,炷香者尤盛⑦。三日之内,店肆皆罢市⑧,垂帘饮博⑨,谓之"做节"⑩。享先则以馄饨⑪,有"冬馄饨,年馎饦"之谚。贵家求奇⑫,一器凡十余色,谓之"百味馄饨"。(《武林旧事·冬至》)

【注释】

①朝廷大朝会:说冬至这一天朝廷举行大朝会饮宴,其仪式与庆贺元旦完全相同。排当:宫廷中准办宴会赏玩。

②都人:京都的人。一阳:冬至以后,白日渐长,古人视

为阳气初动，故称冬至为"一阳生"。贺冬：庆贺冬至节。

③华整：华丽整齐。鲜好：鲜丽美好。

④五鼓：古代民间把夜晚分成五个时段，用鼓打更报时，所以叫作五更、五鼓或五夜。杂遝（tà）：众多而纷乱的样子。九街：犹九逵，都城的大道。

⑤岳祠：即东岳庙，供奉泰山之神东岳大帝。

⑥城隍：即城隍庙，供奉守护城池的神。

⑦炷香：焚香。

⑧店肆：商店。罢市：歇市，停止市集。

⑨垂帘：放下帘子。指闲居无事。饮博：饮酒博戏。

⑩做节：南宋时杭州风俗，于冬至三日之内，店肆皆歇市，垂帘饮博，谓之做节。参阅宋人周密《乾淳岁时记》。

⑪享先：祭祀祖先。

⑫贵家：高门大族之家。

馄饨方：白面一斤，盐三钱①，和如落索面②，更频入水，搜和为饼剂。少顷③，操百遍，摘为小块，擀开④，绿豆粉为糁，四边要薄，入馅，其皮坚。（《中馈录》）

【注释】

①钱：中国市制重量单位，一两的十分之一。

②索面：面条。一种用手工拉成晾干的素面，称"挂面"，俗称"长寿面"。鲜软可口。索面又细又匀、颜色白净。

③少顷：不久、片刻。

④擀（gǎn）：用棍棒来回碾平、压薄。

果子①：皂儿膏②、宜利少、瓜蒌煎③、鲍螺④、裹蜜、糖丝线⑤、泽州饧⑥、蜜麻酥⑦、炒团⑧、澄沙团子⑨、十般糖⑩、甘露饼、玉屑糕（宋刻"膏"）、㸌木瓜⑪、糖脆梅、破核儿、查条⑫、橘红膏、荔枝膏、蜜姜豉⑬、韵姜糖、花花糖⑭、二色灌香藕、糖豌豆、芽豆⑮、栗黄⑯、乌李、酪面、蓼花⑰、蜜弹弹、望口消、桃穰酥⑱、重剂、蜜枣儿、天花饼、乌梅糖、玉柱糖、乳糖狮儿、薄荷蜜、琥珀蜜、饧角儿、诸色糖蜜煎。（《武林旧事·果子》）

【注释】

①果子：点心。

②皂儿膏：即皂角形软糖。

③瓜蒌煎：即瓜果蜜饯。

④鲍螺：一种形似螺的蜜饯。

⑤糖丝线：即为细条呈排状的油炸面食。

⑥泽州饧：即原产自泽州（今山西晋城）的一种糖。饧（xíng），糖稀。

⑦蜜麻酥：用磨细的芝麻、米粉和糖制成的食品。

⑧炒团：米粉制成的球形食品。

⑨澄沙团子：即精细豆沙馅儿汤圆。澄沙，过滤后较细腻的豆沙。

⑩十般糖：即什锦糖。

⑪熝（āo）：古同"熬"，煮。

⑫查条：用山楂制成的条状食品。

⑬蜜姜豉：即用蜂蜜浸渍并以生姜为作料的豆豉。

⑭花花糖：即外观呈五颜六色的糖。

⑮芽豆：去皮后泡水长出短芽的蚕豆。

⑯栗黄：栗子果。呈黄色，故称。

⑰蓼（liǎo）花：用糯米面炸成的食物，中空，外有糖衣。

⑱桃穰（ráng）酥：桃酥。桃穰，桃肉。穰，通"瓤"。

汤饼和面线

　　面条也是宋人最喜爱的面食之一，品种丰富繁多，比较常见的有汤饼、面线、米线、索面、湿面等。据《事林广记》《剑南诗钞》《东京梦华录》《梦粱录》等书记载，宋代面条的品种多达百余种。其中汤饼就是面片汤，食店出售的软羊面、桐皮面，临安面食店出售的丝鸡面、三鲜面、笋泼肉面等，都属汤饼。这些汤饼类食品，大多以浇头的精致和汤的鲜美取胜，更有将原料掺和在面粉中制成。据谢枋得《谢人惠米线》一诗描写宋代还有米面，时称米线。此外还有过水凉面，如甘菊冷淘。可见，宋代面条品种花样繁多，充分反映了古代面点师的创造性。

贺陈述古弟章生子

苏　轼

郁葱佳气夜充闾①，始见徐卿第二雏。

甚欲去为汤饼客②，惟愁错写弄獐书③。

参军新妇贤相敌，阿大中郎喜有馀。

我亦从来识英物④，试教啼看定何如。

【注释】

①充闾：用为贺人生子之词。

②汤饼客：宋朝人生下儿子，照规矩要请亲戚朋友吃一顿宴席，宴席上的主食是汤饼。

③弄獐：生男孩。为弄璋的笔误。

④英物：优秀而杰出的人物。

岁首书事二首其二

陆　游

扶持又度改年时①，耄齿侵寻敢自期②。

中夕祭余分馎饦③，黎明人起换钟馗。

春盘未拌青丝菜，寿斝先酬白发儿④。

闻道城中灯绝好，出门无日叹吾衰。

①扶持：帮助，支撑照料。

②耄（mào）：年老；高龄。

③中夕：半夜。

④寿斝（jiǎ）：寿觞。

水滑面：用十分白面，揉、搜成剂。一斤作十数块，放在水内，候其面性发得十分满足，逐块抽、拽，下汤煮熟。抽、拽得阔薄乃好。麻腻、杏仁腻、咸笋干①、酱瓜②、糟茄、姜、腌韭、黄瓜丝作齑头，或加煎肉，尤妙。（《中馈录》）

【注释】

①笋干：将竹笋煮熟后，压扁晒干而制成的食品。

②酱瓜：用酱腌制的瓜。

山药，名薯蓣①，秦楚之间名玉延。花白，细如枣，叶青，锐于牵牛。夏月②，溉以黄土壤③，则蕃④。春秋采根，白者为上，以水浸，入矾少许。经宿，净洗去延，焙干⑤，磨筛为面。宜作汤饼用⑥。如作索饼⑦，则熟研，滤为粉，入竹筒，微溜于浅酸盆内，出之于水，浸去酸味，如煮汤饼法。如煮食，惟刮去皮，蘸盐、蜜皆可。其性温，无毒，且有补益。故陈简斋有《玉延赋》⑧，取香、色、味为三绝。陆放翁亦有诗云⑨："久缘多病疏云液，近为长斋煮玉延⑩。"比于杭都多见如掌者，名"佛

手药",其味尤佳也。(《山家清供·玉延索饼》)

【注释】

①薯蓣(yù):又叫山药。一种多年生蔓草植物,叶心脏形,对生,具地下块根,可供食用。

②夏月:夏天。

③溉(gài):浇灌。

④蕃(fán):茂盛。

⑤焙(bèi)干:用火烘烤,去除水分。

⑥汤饼:汤煮的面食,似今之汤面。

⑦索饼:面条。

⑧陈简斋:即陈与义(1090—1138),字去非,号简斋,两宋之际的杰出诗人,亦工于填词。著有《简斋集》。

⑨陆放翁:陆游。

⑩"久缘"二句:出自陆游《书怀》一诗:"濯锦江头成昨梦,紫芝山下又新年。久因多病疏云液,近为长斋进玉延。啼鸟傍檐春寂寂,飞花掠水晚翩翩。支离自笑生涯别,一炷炉香绣佛前。"

米食和稀粥

在宋代百姓日常饮食结构中,米食也是非常重要的一部分。宋代北方地区稻米的产量增加,加之南米北运的总量增加,使得南、北方地区人们均有食用稻米饭的传统。宋代人经常在米食中加入肉类、蔬菜、水果等辅料搭配炊制而成，例如蓬饭、玉井饭、蟠桃饭等。粥也是宋人的主食之一，宋人常用稻米、粟、豆等原料煮粥。宋人通常在早晨喝粥，广大的社会下层要维持温饱，也多食用粥类果腹。宋人也会将米做成糕点，如粟粽、糍糕、豆团、麻团、汤团、水团、糖糕、蜜糕、粟糕、乳糕等。其中水团是"秫粉包糖，香汤浴之"，粉糍是"粉米蒸成，加糖曰饴"。

　　章雪斋鉴宰德泽时[1]，虽槐古马高[2]，犹喜延客[3]。然后食多不取诸市，恐旁缘扰人[4]。一日，往访之，适有蝗不入境之处[5]，留以晚酌数杯。命左右造玉井饭[6]，甚香美。其法：削嫩白藕作块，采新莲子去皮心，候饭少沸，投之，如盦饭法。盖取"太华峰头玉井莲，开花十丈藕如船"之句[7]。昔有《藕诗》云："一弯西子臂[8]，七窍比干心[9]。"今杭都范堰经进七星藕[10]，大孔七、小孔二，果有九窍。因笔及之。(《山家清供·玉井饭》)

【注释】

　　①章雪斋：即章鉴（1214—1294），字公秉，号杭山，别号万叟，名臣。著有《杭山集》传世。

　　②槐古马高：形容权高位重。周代时，朝廷种三槐九棘，公卿大夫分坐其下，后因以"槐"指三公或三公之位。

　　③延客：宴请客人。

《荷蟹图》 宋 佚名绘

《枇杷山鸟图》 宋　林椿绘

《红白芙蓉图》 南宋 李迪绘

《吉祥多子图》 南宋 鲁宗贵绘

④旁缘扰人：意为下属仗势欺人，骚扰百姓。旁缘，依仗。

⑤蝗不入境之处：清净之处。

⑥左右：随从。

⑦"太华"二句：出自韩愈《古意》："太华峰头玉井莲，开花十丈藕如船。冷比雪霜甘比蜜，一片入口沉疴瘳。我欲求之不惮远，青壁无路难夤缘。安得长梯上摘实，下种七泽根株连。"

⑧西子：春秋时越国美女西施。

⑨比干：商代贵族，纣王叔父，官少师。相传因屡谏纣王，被剖心而死。

⑩七星：北斗星，包括天枢、天璇、天玑、天权、玉衡、开阳、摇光七星。

旧辱赵东岩子岩云瓒夫寄客诗①，中款有一诗云："好春虚度三之一，满架荼蘼取次开②。有客相看无可设，数枝带雨剪将来。"始谓非可食者。一日适灵鹫③，访僧苹洲德修，午留粥，甚香美。询之④，乃荼蘼花也。其法：采花片，用甘草汤焯⑤，候粥熟同煮。又，采木香嫩叶，就元焯，以盐、油拌为菜茹。僧苦嗜吟，宜乎知此味之清切⑥。知岩云之诗不诬也⑦。（《山家清供·荼蘼粥附木香菜》）

【注释】

①辱：谦辞，表示承蒙。赵东岩：即赵彦侯，字简叔，号东岩。宝庆元年（1225）进士。寄客：寄居他乡之人。

②荼（tú）蘼（mí）：落叶灌木，攀缘茎，茎有棱，并有钩状的刺，羽状复叶，小叶椭圆形，花白色，有香气。也作酴醾。

③灵鹫（jiù）：山名。

④询：问。

⑤甘草：植物名。豆科甘草属，多年生草本。奇数羽状复叶，蓝紫色蝶形花。根与地下茎均可入药，味甘，故称为"甘草"。除药用外，又可作为烟草、酱油等调味香料。

⑥清切：清凉。

⑦不诬：不假、不欺骗。

采白蓬嫩者，熟煮，细捣。和米粉，加以糖，蒸熟，以香为度。世之贵介①，但知鹿茸、钟乳为重，而不知食此大有补益。讵不以山食而鄙之哉②！闽中有草稗③。又饭法：候饭沸，以蓬拌面煮，名蓬饭。（《山家清供·蓬糕》）

【注释】

①贵介：显贵的人。

②讵（jù）：岂，怎。

③草稗：稗草。一年生禾草，叶似稻，节间无毛，杂生于稻田中。

过汤阴市得豌豆大麦粥示三儿子

苏 轼

朔野方赤地[1]，河壖但黄尘[2]。

秋霖暗豆漆[3]，夏旱臞麦人[4]。

逆旅唱晨粥，行疱得时珍。

青班照匕箸[5]，脆响鸣牙龈。

玉食谢故吏[6]，风餐便逐臣。

漂零竟何适，浩荡寄此身。

争劝加餐食，实无负吏民。

何当万里客，归及三年新。

【注释】

①朔野：北方荒野之地。

②河壖（ruán）：亦作河壖。河边地。

③秋霖：秋天所下的大雨。

④臞（qú）：耗；减消。

⑤匕箸：进食用的羹匙和筷子。

⑥玉食：珍贵的饮食。

粥：七宝素粥[1]、五味粥、粟米粥[2]、糖豆粥、糖粥、糕粥[3]、馓子粥[4]、菉豆粥[5]、肉庵饭。（《武林旧事》）

①七宝素粥：腊八粥的别称，准确地说，腊八粥不是在粥里放八种东西，而是七种。现在各地原料不同，但最原始的版本，应该是胡桃、松子、乳蕈、柿、粟、栗、豆。这个版本是记载在《武林旧事》中。所以，正确的叫法是"七宝粥"。又因其中有五种味道，称"七宝五味粥"。

②粟（sù）米粥：小米粥。

③糕粥：即加有小方块年糕的粥。

④馓（sǎn）子（zi）粥：加有馓子的粥。馓子，用面粉做成一束细丝之后，加以油炸即成。

⑤菉豆粥：绿豆粥。

糕：糖糕、蜜糕、栗糕、粟糕①、麦糕②、豆糕③、花糕④、糍糕⑤、雪糕⑥、小甑糕⑦、蒸糖糕、生糖糕⑧、蜂糖糕、线糕、闲炊糕、干糕（宋刻"糕干"）⑨、乳糕⑩、社糕⑪、重阳糕。（《武林旧事》）

【注释】

①粟糕：即小米粉蒸糕。

②麦糕：即白面蒸糕。

③豆糕：即夹层豆或外面嵌有赤豆的蒸糕。

④花糕：即花色蒸糕。

⑤糍糕：即糍粑。一种用糯米蒸制的食品。

⑥雪糕：糯米糕。

⑦小甑（zèng）糕：即用甑器蒸出的糕。甑，古代蒸饭的一种瓦器。

⑧生糖糕：当为蘸糖吃的糕。

⑨干糕：即晾干了的糕。

⑩乳糕：加乳酪的糕。

⑪社糕：即社日制作的一种面食。社日，祭祀社神的日子。立春后第五戊日为春社，立秋后第五戊日为秋社。

精挑细琢的副食

备受推崇的素食菜肴

宋代副食品包括肉类、蔬菜、果品、豆制品、奶制品等。在副食品的烹饪方法方面，宋代盛行炒和煮。在主料和辅料上最大特点是常以花果入菜。宋代的蔬菜种植业发展迅速，种植面积和种类大大超过唐代。宋人孟元老记载，"大抵都城左近，皆是园圃，百里之内，并无闲地"。北宋人张择端绘制的《清明上河图》中，东京城外分布有大面积的菜园。除了园蔬之外，宋代人也很关注野菜的烹饪，在宋代大文豪的作品中也经常出现关于园蔬和野菜的食用。由于蔬菜种植的发展、烹饪技术的完善，加上文人士大夫的推动，宋代的素食之风盛行，并衍生出丰富的风味。无论置身繁华闹市，还是乡野陋巷，蔬果野菜的滋味流转于餐桌，交织在冷暖人间。

菜蔬①：姜油多②、薤花茄儿③、辣瓜儿、倭菜④、藕鲊⑤、冬瓜鲊、笋鲊、茭白鲊⑥、皮酱⑦、糟琼枝、莼菜笋、糟黄芽⑧、糟瓜齑⑨、淡盐齑⑩、鲊菜、醋姜、脂麻辣菜、拌生菜、诸般糟淹⑪、盐芥⑫。（《武林旧事》）

【注释】

①菜蔬：菜蔬果品。

②姜油多：当为一种主要以生姜为作料的油炒素菜。

③薤（xiè）花茄儿：即薤花炒茄子。薤，多年生草本植物，地下有鳞茎，鳞茎、花和嫩叶可食。

④倭菜：南瓜。

⑤鲊（zhǎ）：用米粉、面粉等加盐和其他作料拌制的切碎的菜，可以贮存。

⑥茭白：蔬菜，又名菰笋、菰手、茭笋。菰的花茎经黑穗菌侵入后，刺激其细胞增生而形成的肥大嫩茎，可食用。

⑦皮酱：当为掺有猪皮的酱。

⑧糟：用酒或糟再加上盐及其他调味品腌制食品。黄芽：大白菜的一种。

⑨糟瓜齑：腌黄瓜。

⑩淡盐齑：少放盐的腌制蔬菜。

⑪诸般糟淹：即各种各样的腌菜。淹，通"腌"。

⑫芥：芥菜。一年或二年生草本植物，种子黄色，味辛辣，磨成粉末，称"芥末"，作调味品。

余酷嗜苦笋①，谏者至十人，戏作苦笋赋，其辞曰：

僰道苦笋②，冠冕两川③。甘脆惬当④，小苦而反成味。温润缜密，多啖而不疾人⑤。盖苦而有味，如忠谏之可活国⑥。多而不害，如举士而皆得贤。是其钟江山之秀气，故能深雨露而避风烟。食肴以之开道，酒客为之流涎⑦。彼桂斑之与梦永，又安得与之同年。

蜀人曰："苦笋不可食，食之动痼疾⑧、令人萎而瘠。"予亦未尝与之言。盖上士不谈而喻；中士进则若信，退则眩焉；下士信耳而不信目，其顽不可镂。李太白曰⑨："但得醉中趣，勿为醒者传。"（《苦笋赋》）

【注释】

①余：我。酷嗜：非常喜爱。

②僰（bó）道（dào）：古县名。汉属犍为郡，为僰人所居，故名。王莽时曾改称僰治，在今四川宜宾市境。

③两川：东川和西川的合称。唐肃宗至德二年，剑南道置东川、西川两节度使，因有两川之称。

④惬（qiè）当（dàng）：恰当；适当。

⑤啖（dàn）：同"啖"。

⑥忠谏：忠诚的劝谏。

⑦流涎：流口水。亦用以形容人贪馋的样子。

⑧痼疾：久治不愈的疾病。

⑨李太白：指李白。

芹，楚葵也，又名水英。有二种：荻芹取根，赤芹取叶与茎，俱可食。二月、三月，作羹时采之，洗净，入汤焯过，取出，以苦酒研芝麻①，入盐少许，与茴香渍之②，可作菹③。惟瀹而羹之者④，既清而馨，犹碧涧然。故杜甫有"青芹碧涧羹"之句⑤。或者：芹，微草也，杜甫何取焉而诵咏之不暇？不思野人持此⑥，犹欲以献于君者乎⑦！（《山家清供·碧涧羹》）

【注释】

①苦酒：醋的别名。

②渍：浸。

③菹（zū）：酸菜，腌菜。

④瀹（yuè）：煮。

⑤青芹碧涧羹：杜甫《陪郑广文游何将军山林》中诗句为："鲜鲫银丝脍，香芹碧涧羹。"

⑥野人：质朴的人，无爵位的平民。

⑦犹欲以献于君者乎：此用"芹献"之典，也作"献芹"。谦称自己送人的菲薄礼物。旧时有人以戎菽、甘枲茎、芹萍子等为美食，对乡人称扬。乡人取而尝之，蜇于口，惨于腹，众哂而怨之，其人大惭。典出《列子·杨朱》。后以芹献表示自谦礼物菲薄之辞。

郑馀庆召亲朋食①，敕令家人曰②："烂煮去毛，勿拗折项。"客意鹅鸭也。良久③，各蒸葫芦一枚耳。今，岳倦翁珂《书食品付庖者》诗云④："动指不须占染鼎，去毛切莫拗蒸壶。"岳，勋阅阀也⑤，而知此味。异哉！（《山家清供·素蒸鸭》）

【注释】

①郑馀庆：字居业，郑州荥阳（今河南荥阳）人，唐朝宰相。

②敕令：命令。

③良久：好一会儿；略久，稍久。

④岳倦翁：岳珂，字肃之，号亦斋，晚号倦翁，江西江州（今江西九江）人，南宋文学家。岳珂进士出身，邺侯、权户部尚书。岳飞之孙，岳霖之子。

⑤勋阅阀：犹勋门。

杜诗"夜雨剪春韭"①，世多误为剪之于畦②，不知剪字极有理。盖于炸时必先齐其本，如烹薤"圆齐玉箸头"之意③。乃以左手持其末，以其本竖汤内，少剪其末。弃其触也。只炸其本，带性投冷水中。取出之，甚脆。然必用竹刀截之④。

韭菜嫩者，用姜丝、酱油、滴醋拌食，能利小水，治淋闭。（《山家清供·柳叶韭》）

【注释】

①杜诗"夜雨剪春韭"：指杜甫《赠卫八处士》："夜雨剪春韭，新炊间黄粱。"

②畦（qí）：田园中分成的小区。

③薤（xiè）：多年生草本植物，地下有鳞茎，鳞茎和嫩叶可食。圆齐玉箸头：见杜甫诗《秋日阮隐居致薤三十束》："隐者柴门内，畦蔬绕舍秋。盈筐承露薤，不待致书求。束比青刍色，圆齐玉箸头。衰年关鬲冷，味暖并无忧。"

④竹刀：竹制的刀。

东坡有故人巢元修菜诗云①。每读"豆荚圆而小，槐芽细而丰"之句，未尝不实搜畦垄间，必求其是。时询诸老圃②，亦罕能道者。一日，永嘉郑文干自蜀归，过梅边。有叩之，答曰："蚕豆，即豌豆也。蜀人谓之'巢菜'③。苗叶嫩时，可采以为茹④。择洗，用真麻油熟炒，乃下酱、盐煮之。春尽⑤，苗叶老，则不可食。坡所谓'点酒下盐豉，缕橙笔姜葱'者，正庖法也。"

君子耻一物不知⑥，必游历久远见闻博⑦。读坡诗二十年，一日得之，喜可知矣。（《山家清供·元修菜》）

【注释】

①巢元修菜诗：指苏轼《元修菜》一诗，前有小序云：菜之美者，有吾乡之巢。故人巢元修嗜之，余亦嗜之。元修云："使孔北海见，当复云吾家菜耶？"因谓之元修菜。

②老圃：有经验的菜农。

③巢菜：指大巢菜和小巢菜。即豆科野豌豆属植物。早春生长，可食。宋人陆游有《巢菜》诗并序。

④茹（rú）：菜。

⑤春尽：春去，春天结束。

⑥君子耻一物不知：君子以一事不知而为耻。典出扬雄《法言·君子》："圣人之于天下，耻一物之不知。"

⑦游历：到远地游览、考察。

曩客于骊塘书院①，每食后，必出菜汤，清白极可爱。饭后得之，醍醐甘露未易及此②。询庖者，只用菜与芦菔③，细切，以井水煮之烂为度。初无他法。后读东坡诗，亦只用蔓菁④、萝菔而已⑤。诗云⑥："谁知南岳老，解作东坡羹。中有芦菔根，尚含晓露清。勿语贵公子，从渠嗜膻腥。"从此可想二公之嗜好矣。今江西多用此法者。（《山家清供·骊塘羹》）

【注释】

①曩（nǎng）：以往，从前，过去的。骊塘书院：指危稹在漳州所创办的书院。危稹，字逢吉，自号巽斋，又号骊塘，南宋文学家、诗人。

②醍（tí）醐（hú）：美酒。唐人白居易《将归一绝》诗："更怜家酝迎春熟，一瓮醍醐待我归。"

③芦菔：萝卜。

④蔓（mán）菁（jīng）：植物名。十字花科，一年或二年生草本。叶缘略有缺刻，春日开黄花，根长圆多肉，与叶俱可供食用。

⑤萝菔：同"芦菔"，即萝卜。

⑥诗云：即苏轼《狄韶州煮蔓菁芦菔羹》一诗。

　　陈习庵填《学圃》诗云①："只教人种菜，莫误客看花。"可谓重本而知山林味矣②。仆春日渡湖，访雪独庵。遂留饮，供春盘③，偶得诗云："教童收取春盘去，城市如今菜色多。"非薄菜也④，以其有所感，而不忍下箸也。薛曰："昔人赞菜，有云'可使士大夫知此味，不可使斯民有此色'，诗与文虽不同，而爱菜之意无以异。"

　　一日，山妻煮油菜羹⑤，自以为佳品。偶郑渭滨师吕至⑥，供之，乃曰："予有一方为献：只用莳萝⑦、茴香、姜、椒为末，贮以葫芦，候煮菜少沸，乃与熟油、酱同下，急覆之⑧，而满山已香矣。"试之果然，名"满山香"。比闻汤将军孝信嗜盒菜，不用水，只以油炒，候得汁出，和以酱料盒熟，自谓香品过于禁脔⑨。汤，武士也，而不嗜杀，异哉！（《山家清供·满山香》）

【注释】

　　①陈习庵：陈埙，字和仲，号习庵，宋宁宗嘉定十年（1217）进士，有《习庵集》（《金陵诗征》卷八），已佚。

　　②重本：以根本大事为重。常指重视农田之事。

　　③春盘：古代风俗，立春日以韭黄、果品、饼饵等簇盘为食，或馈赠亲友，称春盘。

　　④薄：轻视。

⑤山妻：谦称其妻。唐人郑谷《赠咸阳王主簿》诗："自与山妻春斗粟，祇凭邻叟典孤琴。"

⑥郑渭滨：南宋时人，似为道士。南宋诗人冯去非有《题道士郑渭滨诗卷》。

⑦莳（shí）萝（luó）：伞形科草本植物，羽状复叶，花黄色，叶和种子具香味，用于泡菜和其他食物的调味。

⑧覆：盖上。

⑨禁脔（luán）：又叫"项脔"，俗称项上肉、糟头肉、项圈肉等。晋元帝镇守建康时，食物缺乏，每得一豚便视为珍品，猪脖子上的肉尤为精美，群臣不敢食而荐于帝，当时称为"禁脔"，指帝王所钟爱者。见《晋书·谢安传》。

坡云①："赠君木鱼三百尾，中有鹅黄木鱼子。"春时，剥棕鱼蒸熟②，与笋同法。蜜煮酢浸，可致千里。蜀人供物多用之③。（《山家清供·木鱼子》）

【注释】

①坡：指苏轼。引诗为《棕笋》诗。

②棕鱼：棕榈的花苞。因其中细子成列有如鱼子，故称。

③蜀：今四川省成都一带。

啜菽①：菽，豆也。今豆腐条切，淡煮，蘸以五味②。礼不云乎③，啜菽饮水。素以绚兮④，渝其清矣⑤。（《本心斋疏食谱》）

【注释】

①啜（chuò）菽（shū）：以豆为食。

②蘸以五味：蘸调味汁（食用）。

③礼不云乎：《礼记》中不是说吗？

④素以绚兮：形容豆腐的洁白。

⑤浏其清矣：煮豆腐的汤多清澈。出自《诗经·郑风·溱洧》："溱与洧，浏其清矣。"

和吴冲卿藏菜

梅尧臣

霜前收美菜，欲以御冬时①。

备乏且增品，挑新那复思。

菖菹嗜西伯②，姜食语宣尼③。

未免效流俗，竞将罂盆为。

【注释】

①御冬：抵御冬天的饥寒。

②菖（chāng）：菖蒲。多年生草本植物，生在水边，地下有根茎，叶子形状像剑，花穗像棍棒。根茎可作香料，又可作健胃药。菹（zū）：同"葅"。意为酸菜，腌菜。西伯：本指西方诸侯之长。因商王任命周文王为西伯，后专指周文王。

③宣尼：对孔子的尊称。孔子字仲尼，汉平帝时追谥孔子为褒成宣尼公。见《汉书·平帝纪》。

贵羊贱猪的两宋之风

宋政府重视畜牧业，以及与周边民族的交流，北宋东京市场上的肉食供应还是很充足的，肉食在东京人的副食原料中占有重要的地位。但是"贵羊贱猪"的饮食风尚是宋代肉类副食结构中非常独特的一点。宋代牛是重要的农业劳力工具，一般不宰杀；而猪又饲养广泛，并不起眼。前文已述羊肉在宫廷风味中的地位，甚至一度上升到"祖宗家法"的高度。据《宋会要辑稿》《铁围山丛谈》记载羊肉味宋代宫廷大宴，"首荐是味，为本朝故事"，到神宗时期，宫廷每年食用羊肉量甚至高达四十三万斤之多。

至于山林远村、平常百姓之家，羊肉也是主要食用的肉类副食。随着两宋南北方交融，北方文化区食用羊肉的习惯也传至南方地区，《梦粱录》《武林旧事》中记载了南宋临安城饮食市场上售卖的以羊肉为材料的菜点有羊四软、蒸软羊、羊蹄笋、酒蒸羊、绣吹羊、羊杂㸆、千里羊、吹羊大骨等。两宋对于羊肉的钟爱，激发了人们对于食物开发的热情，各部位的取材，繁复的制作，一次次使羊的美味惊艳登场。

山药与栗各片截①，以羊汁加料煮②，名"金玉羹"。(《山家清供·金玉羹》)

【注释】

①栗(lì)：落叶乔木，果实为坚果，称"栗子"，味甜，可食。

②羊汁：羊肉汤。

羊作脔①，置砂锅内②。除葱、椒外，有一秘法：只用槌真杏仁数枚③，活火煮之④，至骨糜烂。每惜此法不逢汉时，一关内侯何足道哉⑤! (《山家清供·山煮羊》)

【注释】

①脔(luán)：切成小块的肉。

②置：放，摆，搁。

③槌(chuí)：古同"捶"，敲打。

④活火：明火，有火苗的火。

⑤一关内侯何足道哉：据《后汉书·刘玄传》，后汉赵萌专权时，被提拔的官员都是商贩、厨师之辈，所以当时长安有民谣流传："灶下养，中郎将；烂羊胃，骑都尉；烂羊头，关内侯。"

鹅排吹羊大骨、蒸软羊、鼎煮羊、羊四软、酒蒸羊、绣吹羊、五味杏酪羊①、千里羊、羊杂熓、羊头元鱼、羊蹄笋、细抹羊生脍、改汁羊撺粉、细点羊头②、三色肚丝羹、银丝肚、肚丝签、双丝签、荤素签、大片羊粉。(《梦粱录·分茶酒店》)

①杏酪：杏仁粥。古代多为寒食节食品。

②细点：精致的点心。

骨炙^①：带皮肥嫩羊浮肋，每枝截为二段，约长五寸许，用
硇砂末一捻^②、沸汤浸，放温，蘸炙急翻转^③，勿令熟，再蘸再炙，
如是者三^④，好酒内略浸^⑤，上铲^⑥，一番便可食。(《事林广记》)

【注释】

①骨炙：即叉烤羊浮肋。

②硇（náo）砂（shā）：中药名。为氯化物类卤砂族矿物卤
砂，目前不在国家允许使用的食品添加剂名单之内。捻：用手
指搓转。

③蘸炙急翻转：将蘸了汤汁的羊浮肋快速翻转。

④如是：如此这么；像这样。

⑤好酒内略浸：（放入）好酒内稍微浸一下。

⑥上铲：（将羊浮肋）上叉。铲，烤肉叉。

曹家生红^①：羊脊肉四两（细切）^②，熊白一两（无，以肚胘
代之）^③，糟姜半两（细切）^④，水晶脍半两^⑤，真酥二钱^⑥，生萝
卜丝、嫩韭、香菜少许，芥辣浇^⑦，或用脍醋。(《事林广记》)

【注释】

①曹家生红：菜肴名称。这款菜的菜谱在《居家必用事类全

集》等书中也有记载。

②膂（lǚ）：脊梁骨。

③熊白：熊背上的脂肪，色白，故名。肚胘：羊百叶。

④糟姜：将秋祭土地神之前的嫩姜去皮洗净放入瓷坛中，加煮酒、糟、盐和冰糖，封严坛口，到冬天开坛取出，即为糟姜。

⑤水晶脍：宋代名菜，当时在汴梁市肆中享有盛誉。因其主料切丝，成品透明，犹如水晶，故名。

⑥真酥：牛酥油或羊酥油。

⑦芥辣浇：浇上芥末醋。芥末加水发出辣味后加醋调制而成，浦江吴氏《中馈录》有其制法记载。

佛跳墙：精猪、羊肉沸汤绰过[①]，切作骰子块[②]，以猪、羊脂煎，令微熟，别换汁[③]，入酒、醋、椒、杏[④]、盐料，煮干取出，焙燥[⑤]，可久留不败。（《事林广记》）

【注释】

①绰：这里应该为“焯”。

②骰子块：方块形状。

③别换汁：另换汤。别，另外。

④杏：杏仁。杏仁是宋代制作肉禽类菜肴的特色调料之一。

⑤焙燥：焙干。

治虚损羸瘦阴萎不能饮食[①]，宜喫灌肠方[②]：大羊肠一条，雀儿胸前肉三两细切，附子末一钱③，肉苁蓉半两细切酒浸④，干姜末一钱，兔丝子末二钱⑤，胡椒末一钱，汉椒末一钱⑥，糯米二合⑦，鸡子白三枚⑧。右将肉、米并药末和拌令匀，入羊肠内，令实，系肠头，煮令熟，稍冷，切作馅子，空心食之⑨。(《太平圣惠方》)

【注释】

①赢(léi)瘦：衰弱消瘦。

②喫（chī）：同"吃"。灌肠：将拌好作料的碎肉装入肠衣做成的食品。

③附子：植物名。多年生草本，株高三四尺，茎作四棱，叶掌状，如艾。叶茎有毒，味辛，可入药。

④肉苁（cōng）蓉：多年生草本植物。茎可入药，性微温味甘，中医用做强壮剂和止血剂。

⑤兔丝子：中药名。菟丝子的成熟种子。

⑥汉椒：蜀椒的别名。

⑦合：中国市制容量单位，一升的十分之一。

⑧鸡子白：中药材名。

⑨空心：肚子空着，没有吃东西。

人见人爱的水产佳肴

宋人可食用的水产品，有鱼、鳖、虾、蟹、蛤蜊等。

北宋东京居民所食用的水产有赖于渔业的发展，北宋的渔业生产已呈现出兴旺发达的景象，淡水水产大量出现在百姓的餐桌上。到了南宋，南方地区江河纵横，水产食物开始盛行于宋代饮食系统之中。《梦粱录》中记有菜名242种，其中有关水产品的菜肴就多达120余种，几占南方人日常菜点的一半。宋代水产食物中以鱼类最受欢迎，根据《东京梦华录》记载，东京城每日清晨单从郊外送往城内的生鱼就有"数千担"，甚至寒冬季节也有从黄河边上送往京城来卖的鱼，谓之"车鱼"，"每斤不上一百文"。除了淡水水产之外，海产品在宋代也得到了大面积的养殖，因此螃蟹、蛤蜊等海产品也走进了宋代饮食系统之中。在水产佳肴的烹饪中，宋代人一次次将奇思妙想与对世界的感知注入食物之中，滚滚红尘，沧桑巨变，在这些跨越千年的精美菜肴中，我们依然可以重返繁华体味当时百姓品味。

卿鱼二斤，洗净，盐腌控干，以葛①、姜酿抹鱼腹②，煎令皮焦，放冷。用水一大碗，莳萝③、川椒各一钱④，马芹、橘皮各二钱（细切）⑤，糖一两，豉三钱⑥，盐一两，油二两，酒、醋各一盏，葱二握⑦，酱一匙，楮实末半两⑧，搅匀。锅内用箬叶铺⑨，将鱼顿放⑩，箬覆盖，倾下料物水浸没，盘合封闭，慢火养熟，其骨皆酥。（《居家必用事类全集·饮食类》）

【注释】

①葛（gé）：多年生草本植物，茎可编篮做绳，纤维可织布，块根肥大，称"葛根"，可制淀粉，亦可入药。

②蒌：蒌蒿。菊科植物蒌蒿的全草。有利膈开胃、杀河豚毒等功用。

③莳萝：伞形科草本植物，羽状复叶，花黄色，叶和种子具香味，用于泡菜和其他食物的调味。

④川椒：花椒的别名。

⑤橘皮：柑橘的果皮干燥后，存放长久成陈皮，因性温，味辛苦，能化痰，治呕吐、咳嗽等症。

⑥豉（chǐ）：一种用熟的黄豆或黑豆经发酵后制成的食品。

⑦二握：两把。

⑧楮（chǔ）实：楮树果实。可入药。

⑨箬（ruò）：箬竹的叶子。叶大而宽，可编竹笠，又可用来包粽子。

⑩顿放：安置、安顿。

食蛤蜊米脯羹

杨万里

倾来百颗恰盈奁①，剥作杯羹未属厌。

莫遣下盐伤正味②，不曾著蜜若为甜。

雪揩玉质全身莹③，金缘冰钿半缕纤④。

更渐香粳轻糁却⑤，发挥风韵十分添⑥。

【注释】

①奁（lián）：匣子。

②正味：纯正的滋味。

③玉质：形容质美如玉。

④半缕：半根丝，半缕线。形容数量少，价值极其微小的东西。

⑤香粳（jīng）：亦作"香秔"，一种有香味的粳米，产于江浙一带。

⑥风韵：韵味。

将莲花中嫩房去穰截底①，剜穰留其孔②，以酒、酱、香料加活鳜鱼块实其内，仍以底坐甑内蒸熟。或中外涂以蜜，出碟，用渔父三鲜供之。三鲜，莲、菊、菱汤瀹也。

向在李春坊席上，曾受此供。得诗云："锦瓣金蘘织几重，问鱼何事得相容。涌身既入莲房去③，好度华池独化龙。"李大喜，送端研一枚④，龙墨五笏⑤。（《山家清供·莲房鱼包》）

【注释】

①穰（ráng）：同"瓤"。

②剜（wān）：挖削。

③莲房：莲的花托上部延长而成倒圆锥形，表面布满了小圆孔，每孔生一雌蕊，所结果实，即藏于其中。因各孔分隔如房，

故称为"莲房"。

④端研：端砚，中国四大名砚之一，广东省肇庆市所制，为砚台中的上品。

⑤龙墨：雕刻着龙的图案的墨。笏（hù）：古代大臣上朝拿着的手板，用玉、象牙或竹片制成，上面可以记事。

蟹生于江者，黄而腥；生于河者，绀而馨①；生于溪者，苍而清②。越淮多趋京③，故或枵而不盈④。幸有钱君谦斋震祖，惟砚存⑤，复归于吴门⑥。秋，偶过之，把酒论文，犹不减昨之勤也。留旬余，每旦市蟹，必取其元烹，以清醋杂以葱、芹，仰之以脐，少俟其凝，人各举其一，痛饮大嚼，何异乎柏浮于湖海之滨⑦。庸庖族钉⑧，非曰不文，味恐失真⑨。此物风韵也，但橙醋自足以发挥其所蕴也。

且曰："团脐膏，尖脐螯。秋风高，团者豪。请举手，不必刀。羹以蒿，尤可饕。"因举山谷诗云⑩："一腹金相玉质，两螯明月秋江。"真可谓诗中之验。举以手，不必刀，尤见钱君之豪也。或曰："蟹所恶，惟朝雾。实筑筐，噀以醋。虽千里，无所误。"因笔之，为蟹助。有风虫⑪，不可同柿食。（《山家清供·持螯供》）

【注释】

①绀（gàn）：青色。

②苍：深青色，深绿色。

③越淮多趋京：原文如此，费解。《说郛》本中为"越淮多

越掠"，亦不可解。揣测文意，似指作者奔波于江淮一带。

④枵（xiāo）而不盈：指腹空，饥饿。枵，空；盈，充满。

⑤惟砚存：靠文字生活。戴复古诗云："以文为业砚为田。"

⑥吴门：苏州为春秋时吴国故地，故称吴门。

⑦柏浮于湖海之滨：柏，当为"拍"。据《晋书·毕卓列传》：卓尝谓人曰："得酒满数百斛船，四时甘味置两头，右手持酒杯，左手持蟹螯，拍浮酒船中，便足了一生矣。"

⑧饤：贮食，盛放食品。

⑨失真：失去本意或本来面貌；跟原来的有出入。

⑩山谷：黄庭坚。

⑪风虫：蟹腹中的寄生虫。

暑月①，命客泛舟莲荡中②，先以酒入荷叶束之，又包鱼鲊它叶内③，俟舟回④，风薰日炽⑤，酒香鱼熟，各取酒及鲊。真佳适也。坡云⑥："碧筒时作象鼻弯，白酒微带荷心苦。"坡守杭时⑦，想屡作此供用。（《山家清供·碧筒酒》）

【注释】

①暑月：夏月。约相当于农历六月前后小暑、大暑之时。

②泛舟：船行水上；坐船游玩。

③鱼鲊（zhǎ）：腌鱼，糟鱼。

④俟（sì）：等待。

⑤风薰日炽：指风和日丽的好天气。薰，暖和。

⑥坡：指苏轼。引诗为《泛舟城南会者五人分韵赋诗得人皆苦炎字》中诗句。

⑦守杭：苏轼曾担任杭州知州。

鄱江士友命饮①，供以"酒煮菜"。非菜也，纯以酒煮鲫鱼也。且云："鲫，稷所化②，以酒煮之，甚有益。"以鱼名菜，私窃疑之③。及观赵与时《宾退录》所载④：靖州风俗⑤，居丧不食肉，惟以鱼为蔬，湖北谓之鱼菜。杜陵《白小》诗云⑥："细微沾水族，风俗当园蔬。"始信鱼即菜也。赵，好古博雅君子也⑦，宜乎先得其详矣。（《山家清供·煮酒菜》）

【注释】

①鄱江：又名饶河，位于今江西省东北部。

②稷：粮食作物。

③私窃：谦辞。犹"私自"。

④赵与时：字行之（一作德行），里居不详。与时所著《宾退录》十卷，《四库总目》考证经史，辨析典故，颇多精核，可为《梦溪笔谈》《容斋随笔》之续。

⑤靖州：今位于湖南省西南。靖州历史悠久，夏商时期即为荆州西南要腹之地，宋崇宁二年（1103）置靖州，历代均为州、府、路所在地。

⑥杜陵《白小》：此处引诗见于杜甫《白小》："白小群分命，天然二寸鱼。细微沾水族，风俗当园蔬。入肆银花乱，倾箱雪

片虚。生成犹拾卵，尽取义何如。"

⑦好古：喜欢古代的事物。博雅：学识渊博，品行雅正。

蟹生：用生蟹剁碎，以麻油先熬熟①，冷，并草果②、茴香、砂仁③、花椒末、水姜、胡椒俱为末，再加葱、盐、醋共十味，入蟹内拌匀，即时可食。(《中馈录》)

【注释】

①熬(áo)：放在水里煮。

②草果：姜科，豆蔻属多年生草本植物，茎丛生，全株有辛香气，可作调味香料。

③砂仁：植物名。产于岭南。果实外壳称缩砂，仁称蔤。新鲜者称缩砂蔤，干者称砂仁。

余以鳆鱼之珍①，尤胜江珧柱②，不可干至故也，若沙鱼翅鳔之类③，皆可北面矣。(《杨公笔录》)

【注释】

①鳆鱼：又名鲍鱼，其肉质细腻，味道鲜美，营养丰富。

②江珧柱：蚌类动物江珧的肉柱。是珍贵的食品，可制成干贝。也作"江瑶柱"。

③鳔(biào)：某些鱼类体内可以涨缩的气囊，鱼借以沉浮。有的鱼类的鳔有辅助听觉或呼吸等作用。俗称"鱼泡"。

闽中鲜食最珍者①，所谓子鱼者也②，长七八寸，阔二三寸许，剖之，子满腹，冬月正其佳时。莆田迎先镇乃其出处。(《麈史·诗话》③)

【注释】

①闽中：指福建一带。

②子鱼：鲻鱼的别名。

③《麈史·诗话》：作者王得臣，字彦辅，自号凤台子。学问广博，以文学驰名当时。

炙鱼：鲂鱼为上①，鲤鱼、鲫鱼次之②，重十二三两或至一斤者佳，依常法洗净控干，每斤用盐二分半、川椒一二十粒淹三两时③，沥去腥水，香油煎熟，放冷，遂以羊肚脂裹上④，亦微糁盐，炙床上炎令香熟，浑揭起脂⑤，食之。(《事林广记》)

【注释】

①鲂(fáng)鱼：鳊鱼的古称。

②次之：列或占第二位。

③淹：同"腌"。

④羊肚脂：羊网油。

⑤浑揭起脂：揭去整片羊网油。

假蛤蜊法①：用卿鱼，批取精肉②，切作蛤蜊片子，用葱丝、盐、酒、胡椒淹，共一处淹了，别虾汁熟③，食之。(《事林广记》)

【注释】

①蛤（gé）蜊（lì）：蛤蜊科的双壳类软体动物。壳形卵圆，长寸余，壳色淡褐，稍有轮纹，内白色，缘边淡紫色，栖浅海沙中，肉可吃。

②批取精肉：去鱼皮、骨取净肉。

③别虾汁熟：另用虾汤煮熟。别，另。

宋朝的顺时饮食

似水流年里的四季食话

春　季

中国人向来主张顺时而居，在饮食上也根据季节变化而改变。人们穿越四季，历经戏剧性的气候，从自然中获取能量，竭尽材质，慰藉生活。袁枚的《随园食单》中谈到的"时节须知"就是这一观念的体现。

初春时节，寒气还未消除殆尽，带有热量的食物能够驱除寒冷。立春时刚出锅的春饼，让人感到温暖无比。寒食时节，阴雨绵绵，因此，富含能量的甜甜的寒食粥成了节日的必备食品，粥中的糖是人体热能的主要来源，既可以舒暖身体，还能让心里更加宽慰。

万物复苏的时节也是各类蔬菜旺盛生长的时节，因此宋人多在春盘中加入了各种新鲜的时令蔬菜，如韭菜、蓼芽、芹菜等。此外，也有食春茧的习俗，样式如今日的厚皮发面包子，也与今日春卷的样式迥异。文人们也很喜欢将酒作为春盘的伴侣，如"春盘春酒年

年好，试戴银幡判醉倒。"（陆游《木兰花·立春日作》）

立春之时，吃着春饼时蔬，喝着春酒，可谓乐在其中。

清明赐新火[①]

欧阳修[②]

鱼钥侵晨放九门[③]，天街一骑走红尘。

桐华应候催佳节[④]，榆火推恩忝侍臣。

多病正愁饧粥冷，清香但爱蜡烟新。

自怜惯识金莲烛[⑤]，翰苑曾经七见春[⑥]。

【注释】

①清明赐新火：旧时寒食节后重新举火，宫中举火以赐近臣，再传递至民家，称为"传烛"。

②欧阳修：字永叔，号醉翁，晚号六一居士，北宋政治家、文学家。

③鱼钥：鱼形的锁。九门：禁城中九种不同功能的门。上古宫室制度，天子设九门。《礼记·月令》："（季春之月）田猎、置罘、罗罔、毕翳、倭兽之药，毋出九门。"郑玄注："天子九门者，路门也、应门也、雉门也、库门也、皋门也、城门也、近郊门也、远郊门也、关门也。"后多用称宫门。

④桐华应候：《礼记·月令》："（季春之月）桐始华。"白居易《桐花》诗："春令有常候，清明桐始发。"

⑤金莲烛：金饰莲花形灯烛。

⑥翰苑曾经七见春:《欧阳文忠公年谱》:"(至和元年)九月辛酉,迁翰林学士。"此欧公自谓自至和二年在京为近侍之臣、翰林学士,至嘉祐六年,经过七个寒食节。

立春七首(其三)①

刘克庄②

病添败絮肌犹凛③,老饮新醅力不支④。

独有脾神无恙在⑤,饼如筛大菜如丝。

【注释】

①立春:是二十四节气中的第一个节气,时间点在公历每年2月3~5日,太阳到达黄经315°时。立春是汉族民间重要的传统节日之一。"立"是"开始"的意思,自秦代以来,中国就一直以立春作为春季的开始。

②刘克庄:初名灼,字潜夫,号后村,南宋豪放派词人、江湖诗派诗人。

③败絮(xù):比喻实质很糟。

④新醅(pēi):新酿的酒。醅,没滤过的酒。

⑤脾:脾是重要的淋巴器官,位于腹腔的左上方。无恙:无疾、无忧。

木兰花·立春日作[①]

陆 游

三年流落巴山道[②]，破尽青衫尘满帽[③]。身如西瀼渡头云[④]，愁抵瞿唐关上草[⑤]。　　春盘春酒年年好[⑥]，试戴银幡判醉倒。今朝一岁大家添，不是人间偏我老。

【注释】

①立春日作：夏承焘、吴熊和《放翁词编年笺注》上卷："乾道六年（1170），务观至夔州，始见巴山。词云'三年流落巴山道'，当是乾道七年（1171）冬末立春日作，以过立春即入第三年也。乾道八年（1172）正月，务观即离夔州赴南郑。"

②巴山：泛指巴蜀一带。

③青衫：也称"青衣"，青色的衣服，多为低阶的官服或卑贱者的衣服。亦指便服。

④瀼（ràng）：水名。瀼水分西瀼、东瀼；西瀼又称大瀼。都在今重庆市奉节县境。

⑤瞿（qú）唐：指"瞿塘峡"，为长江三峡之首。也称夔峡。西起重庆市奉节县白帝城，东至巫山大溪。两岸悬崖壁立，江流湍急，山势险峻，号称西蜀门户。峡口有夔门和滟滪堆。

⑥春盘：古代风俗，立春日以韭黄、果品、饼饵等簇盘为食，或馈赠亲友，称春盘。帝王亦于立春前一天，以春盘并酒赐近臣。宋人苏轼《浣溪沙·细雨斜风作晓寒》词："雪沫乳花浮

午瑑，蓼茸蒿笋试春盘。"

卖花声·立春酒边

陈　著①

残梦腾腾②，好鸟一声呼醒。小窗明、萧萧鬓影③。当年头上，
惯曾簪幡胜。到如今、有谁怀省。　　东风著面④，却自依然相
认。哄痴儿、忺声弄景⑤。盘蔬杯酒⑥，强教人欢领。也微酣⑦、
带些春兴。

【注释】

①陈著：小名祥孙，字子微，小字谦之，号本堂，晚年号
嵩溪遗耄。宋末元初的文学家、词作家。

②腾腾：奋起或迅疾刚健貌。

③萧萧：头发稀短之貌。鬓影：鬓发的影子，语出唐人骆
宾王《在狱咏蝉》："那堪玄鬓影，来对白头吟。"

④东风：春天的风。《礼记·月令》："东风解，蛰虫始振，
鱼上冰，獭祭鱼，鸿雁来。"

⑤忺（xiān）：高兴，适意。

⑥盘蔬：即立春日的春盘。

⑦酣（hān）：酒喝得很畅快。

郡中送春盘

杨万里

饼如茧纸不可风^①，菜如缥茸劣可缝^②。

韭芽卷黄苣舒紫^③，芦服削冰寒脱齿。

卧沙压玉割红香，部署五珍访诗肠。

野人未见新历日^④，忽得春盘还太息^⑤。

新年五十奈老何？霜须看镜几许多。

麴生嗔人不解事^⑥，且为春盘作春醉。

【注释】

①茧纸：以茧丝所制成的纸。

②茸：草初生纤细柔软的样子。

③苣（jù）：莴苣，菜名。

④历日：记载岁时、节气及吉凶宜忌的书。宋人范成大《除夜书怀》诗："床头新历日，衣上旧尘埃。"

⑤太息：大声叹气。

⑥麴（qǔ）生：亦作"曲生"，酒。宋人苏轼《泗州除夜雪中黄师是送酥酒诗》（二首）之二："欲从元放觅挂杖，忽有曲生来坐隅。"

夏　季

夏季，暑气上升，偏好清凉解暑的食物，从"羹鹅鲙鲤办华莚，冷浸水团包角黍"（白玉蟾《端午述怀》）中便能看到。农历的六月，天气渐渐炎热。京城里的人注重过好三伏，因此这一时期各类甜品、果蔬、冷饮便成了人们的心头爱。京城里的街头巷尾，城门边和城里的热闹地段常可以见到有人在卖芥辣瓜儿、义塘甜瓜、卫州白桃、南京金桃等瓜果和食品。店铺里一般还会售卖甜点，主要有沙糖菉豆、水晶皂儿、黄冷团子、鸡头穰、冰雪、细料馉饳儿等。而人们往往选择四边通风的亭子、建在水上的楼榭来避暑，或者是住到高高的楼房里，在木柜里存着冰，在盆子里用雪水浸泡瓜果。为求清冷，宋人常在炒面中加冰食用，称为"冰炒"，或者将面条过凉水食用，叫作"冷淘"。

是月时物①，巷陌路口②，桥门市井③，皆卖大小米水饭、炙肉、干脯④、莴苣、笋、芥辣瓜儿、义塘甜瓜⑤、卫州白桃⑥、南京金桃、水鹅梨、金杏、小瑶李子、红菱⑦、沙角儿⑧、药木瓜、水木瓜、冰雪凉水荔枝膏，皆用青布伞当街列床凳堆垛。冰雪惟旧宋门外两家最盛，悉用银器。沙糖菉豆⑨、水晶皂儿、黄冷团子^⑩、鸡头穰、冰雪、细料馉饳儿^⑪、麻饮鸡皮、细索凉粉、素签、成串熟林檎^⑫、脂麻团子、江豆碢儿、羊肉小馒头、龟儿沙馅之类。都人最重三伏^⑬，盖六月中别无时节，往往风亭水榭，峻宇高楼，雪槛冰盘^⑭，浮瓜沉李，流杯曲沼^⑮，苞鲊新荷，远迩笙歌，通夕而罢。(《东京梦华录·是月巷陌杂卖》)

【注释】

①是月：接"六月六日崔府君生日"以及"二十四日神保观神生日"的月份而言，指六月份。时物：六月份市面上的各种货物。

②巷陌：街巷的通称。宋人辛弃疾《永遇乐·千古江山》词："斜阳草树，寻常巷陌，人道寄奴曾住。"

③桥门：桁架桥每端的头两个主要桁架之间的空间。

④干脯：即肉干。

⑤义塘：义塘县，古县名。

⑥卫州：古代州名，在今豫北境内，地理位置主要包括今河南新乡、鹤壁等地。因地处春秋古卫国地，故名卫州，治所长期在汲县(今河南省卫辉市)，历代稍有变更。

⑦红菱：一种一年生浮水水生草本。花小，单生于叶腋，白色。坚果元宝状，具4枚下弯的角，常呈红色。

⑧沙角儿：即通称的菱角。气味甘、平。解暑，解伤寒积热，止消渴，解酒毒。

⑨菉豆：绿豆。

⑩团子：米或粉做的圆球形食物。

⑪馉（gǔ）饳（duò）：古时的一种圆形、有馅儿、用油煎或水煮的面食，像今之馄饨。

⑫林檎（qín）：亦作"林禽"，植物名，又名花红、沙果。

⑬三伏：一年中最炎热的时候。夏至后第三个庚日起为初伏，十天；然后是中伏，十天或二十天；再后是末伏，十天。

⑭槛：箱子或柜子。

⑮流杯曲沼：古民俗，大家坐在河渠两旁，在上游放置酒杯，酒杯顺流而下，停在谁的面前，谁就取杯饮酒，可以除去不吉利。这种游戏非常古老。

京师三伏唯史官赐冰麨①，百司休务而已自初伏日为始②，每日赐近臣冰③，人四匦④，凡六次。又赐冰麨面三品，并黄绢为囊，蜜一器。（《岁时杂记》）

【注释】

①京师：帝王的都城。冰麨：在炒面中加冰食用。王仁兴先生称"后世不少地区，六月六，吃炒面"的食俗实源于宋代帝王向臣属赐"炒面"的制度。至于时间上的差异，则是因为有时头伏恰在六月六日这一天所致。

②百司：执管各种政事的大臣、官员。休务：指停止公务。初伏：也叫"头伏"，通常也指从夏至后的第三个庚日起至第四个庚日前一天的一段时间。

③近臣：在君主左右侍从的臣子。

④匣（xiá）：收藏东西的器具，通常指小型的，盖子可以开合。

　　槐叶采新嫩者①，研取自然汁②，依常法溲面，倍加揉捣搦。然后薄捏、缕切③，以急火瀹汤④，煮之。候熟，投冷水漉过⑤，随意合汁浇供。味既甘美，色亦鲜翠，又且食之益人。此即坡仙法。(《事林广记》)

【注释】

　　①槐叶：豆科植物槐的叶。原植物槐又名豆槐、白槐、细叶槐、金药材、护房树。槐叶青嫩不过几天，稍一见长便苦涩难食。

　　②自然汁：槐叶汁。炎夏里，槐叶汁的清香凉苦正好可以使人食毕败火生津。

　　③缕（lǚ）切：细切。

　　④急火：指烧煮东西时的猛火。瀹（yuè）汤：煮汤。

　　⑤漉（lù）过：将面过凉水捞出。漉，液体慢慢地渗下，滤过。

二月十九日携白酒鲈鱼过詹使君食槐叶冷淘①

苏　轼

　　题记：携白酒、鲈鱼等物，虽非珍馐美馔②，然与好友醉饱高眠，而乐亦在其中矣。

枇杷已熟粲金珠③，桑落初尝滟玉蛆④。

暂借垂莲十分盏，一浇空腹五车书⑤。

青浮卵碗槐芽饼，红点冰盘藿叶鱼⑥。

醉饱高眠真事业，此生有味在三余⑦。

【注释】

①槐叶冷淘：一种时令凉食，有记载最早始于唐代，采青槐嫩叶捣汁和面，切成饼、条、丝等形状，煮熟后放在冰窖冷贮或井中浸冷而成。

②珍馐（xiū）美馔（zhuàn）：珍贵而味道好的食物，亦作"珍馐美味"。馐，滋味好的食物；馔，饭食。

③枇（pí）杷（pá）：亚洲的一种常绿乔木，现被栽培于大部分热带或亚热带地区，其果实可用。粲（càn）：鲜明。

④滟（yàn）：闪闪发光。

⑤五车书：《庄子·天下》："惠施多方，其书五车。"后用以形容读书多，学问渊博。

⑥冰盘：盛置碎冰、果品的盘子。

⑦三余：冬者岁之余，夜者日之余，阴雨者时之余。董遇"三余"读书，出自陈寿《三国志·魏志·董遇传》，指读好书要抓紧一切闲余时间。

向杭云公衮夏日命饮，作大耐糕，意必粉面为之。及出，乃用大李子①。生者，去皮剜核②，以白梅、甘草汤焯过③。用蜜和松子肉、榄仁去皮④、核桃肉去皮、瓜仁划碎⑤，填之满，入小甑蒸熟。谓"耐糕"也。非熟，则损脾。且取先公"大耐官职"之意⑥，以此见向有意于文简之衣钵也⑦。

夫天下之士，苟知"耐"之一字，以节义自守，岂患事业之不远到哉！因赋之曰："既知大耐为家学，看取清名自此高。"《云谷类编》乃谓大耐本李沆事⑧，或恐未然。（《山家清供·大耐糕》）

【注释】

①李子：蔷薇科李属植物，别名嘉庆子、布霖、玉皇李、山李子。其果实七八月间成熟，饱满圆润，玲珑剔透，形态美艳，口味甘甜。

②剜（wān）：挖削。

③甘草：一种豆科甘草属多年生草本植物。这种植物的根和根状茎用作中药。补脾和胃，缓急止痛，祛痰止咳，解毒。

④榄仁：橄榄核内柔软的部分。

⑤划（chǎn）：同"铲"。

⑥大耐官职：不为宠辱所动，堪任要职。

⑦文简：向敏中，字常之。北宋初年名臣。衣钵：原指佛教中师父传授给徒弟的袈裟和钵，后泛指传授下来的思想、学问、技能等。

⑧《云谷类编》：即《云谷杂记》，系南宋人张淏编著，成书时间为宋宁宗嘉定五年（1212），是一部以考史论文为主的笔记，原书已佚。

杏子煮烂去核^①，候粥熟同煮，可谓"真君粥"，向游庐山，闻董真君未仙时多种杏^②。岁稔^③，则以杏易谷，岁歉^④，则以谷贱粜^⑤。时得活者甚众。后白日升仙。世有诗云："争似莲花峰下客，种成红杏亦升仙。"岂必专而炼丹服气^⑥？苟有功德于人^⑦，虽未死而名已仙矣。因名之。（《山家清供·真君粥》）

【注释】

①杏子：杏，落叶乔木。地生，植株无毛。果皮多为白色、黄色至黄红色，向阳部常具红晕和斑点；暗黄色果肉，味甜多汁；核面平滑没有斑孔，核缘厚而有沟纹。果期6~7月。

②董真君：即董奉（220—280），字君异，侯官（今福建长乐）人。三国时期名医，医术高明，医德高尚，与张仲景、华佗齐名，并称"建安三神医"。

③岁稔（rěn）：指庄稼丰收之年。稔，庄稼成熟。

④岁歉：收成不好之年。

⑤粜（tiào）：卖粮食。

⑥炼丹服气：皆为古时养生者为了追逐长生而发明的方法。前者主张服食丹药，后者主张炼气，二者常配合使用。

⑦苟：如果，假使。

秋 季

　　秋季，寒霜始降，在坦荡无垠、五彩缤纷的大地上，满是万物成熟的丰收之象。鱼蟹、水果开始上市，文人们便喜欢在此时结伴郊游，饮酒作诗。酒虽是冷的，但饮下之后却觉浑身发热，一定程度上也达到了御寒的功效。此时百花渐凋，但菊花却才开始盛放，《四民月令·辑释》九月："九日，可采菊花。"因此，人们在重阳时节登高时喜饮菊花酒、吃菊花糕。

　　在中秋宴会上，酒和鱼总是相伴出现的，"自有此生有客，但恨有鱼无酒，不了一生浮。"（刘辰翁《水调歌头·丙申中秋两道人出示四十年前灈缨楼赏月水调。瞿仙和，意已尽，明日又续之》）宋人诗词中多次提到的鱼酒搭配是莼菜鲈鱼脍和新酒，苏轼《金橙径》便记录了这一菜品。莼菜，是一种水生植物，又名"水葵"，鱼或肉切细做菜，称为"脍"，故称鲈鱼脍。鱼丝与金橙细缕拌食，号称东南佳味。

金橙径

苏 轼

金橙纵复里人知[①]，不见鲈鱼价自低。

须是松江烟雨里②，小船烧薤捣香齑③。

【注释】

①金橙：金黄色的橙。

②烟雨：如烟雾般的细雨。唐人杜牧《江南春绝句》："南朝四百八十寺，多少楼台烟雨中。"

③薤（xiè）：多年生草本植物，地下有鳞茎，鳞茎和嫩叶可食。齑（jī）：用来调味的辛辣食物或菜末。

都人是月饮新酒①，泛萸簪菊②。且各以菊糕为馈③，以糖、肉、秫面杂糅为之④，上缕肉丝鸭饼，缀以榴颗⑤，标以彩旗。又作蛮玉狮子于上，又糜栗为屑⑥，合以蜂蜜，印花脱饼，以为果饵⑦。又以苏子微渍梅卤，杂和蔗霜、梨、橙、玉榴小颗，名曰"春兰秋菊"。雨后清凉，则已有炒银杏、梧桐子，吟叫于市矣。

（《武林旧事·重九》）

【注释】

①都人：京都的人。

②萸（yú）：茱萸，旧俗重九登高饮酒，人多佩戴萸囊。簪菊：古人于重九日插戴菊花谓之簪菊。

③菊糕：用糖、油、秫面做成的糕点，为重阳节馈赠的礼品。馈：泛指赠送。

④秫（shú）：黏高粱，可以做烧酒，有的地区泛指高粱。

⑤榴颗：石榴子。

⑥糜（mí）：烂，碎。

⑦果饵：糖果、饼饵等食品。

冬　季

冬季，气温下降，饮食上以防御风寒为主，厚重之味的食品与滚烫的有汤类的食品成为冬季饮食的首选。

宋代，某些地区会在冬至食馄饨，温热的馄饨汤会让人在寒冬时节不知不觉地温暖起来。馄饨，是一种较常见的面食，源始于六朝，到宋代仍为百姓喜爱的面食之一。冬至食馄饨的习俗，见宋人周密《武林旧事》卷三："享先则以馄饨，有'冬馄饨，年馎饦'之谚。贵家求奇，一器凡十余色，谓之'百味馄饨'。"陈藻《冬至寄行甫腾叔》中也有详细记载。虽然在宋代冬至诗词中提及馄饨的并不多，但食馄饨却是冬至节俗中的重要内容。

冬至寄行甫腾叔

陈　藻①

江浙羁栖怕雪霜②，早年听得晚年尝。

生涯败意多谙历③，节序随缘少感伤④。

鸭肉馄饨看土俗，糯丸麻汗阻家乡⑤。

二千里外寻君话，今日那堪各一方。

【注释】

①陈藻：字元洁，福建福清人，约宋孝宗淳熙末前后在世。

②羁（jī）栖（qī）：亦作"羁栖"。意思是淹留他乡。

③谙（ān）历：熟习，有经验。

④节序：节令，节气；节令的顺序。

⑤糯丸：一种稻米制成的丸子。

雪夜，张一斋饮客①。酒酣②，簿书何君时峰出沆瀣浆一瓢③，与客分饮，不觉，酒客为之洒然。客问其法，谓得于禁苑④，止用甘蔗、白萝菔⑤，各切作方块，以水烂煮而已。盖蔗能化酒，萝菔能化食也。酒后得此，其益可知矣。《楚辞》有"蔗浆"，恐即此也。（《山家清供·沆瀣浆》）

【注释】

①张一斋：宋代诗人，《全宋诗》存其诗。饮客：请客人喝酒。

②酒酣：饮酒尽兴而呈半醉状态。

③簿（bù）书：官署中的文书簿册。这里指管理簿书的职员。沆（hàng）瀣（xiè）：夜间的水汽，露水。《楚辞·屈原·远游》："餐六气而饮沆瀣兮，漱正阳而含朝霞。"

④禁苑：指宫廷。

⑤萝菔（fú）：即萝卜。

雪夜，芋正熟①，有仇芋曰②："从简③，载酒来扣门④。"就供之，乃曰："煮芋有数法，独酥黄独世罕得之。"熟芋截片⑤，研榧子⑥、杏仁和酱，拖面煎之，且白侈为甚妙。诗云："雪翻夜钵截成玉，春化寒酥剪作金。"（《山家清供·酥黄独》）

【注释】

①芋：多年生草本植物，作一年生栽植培。地下有肉质的球茎，含淀粉很多，可供食用，亦可药用。俗称"芋奶""芋艿""芋头"。

②仇芋：芋头。

③简：书信。

④载酒：带着酒。扣门：敲门。

⑤截：断绝，切断。

⑥榧（fěi）子：常绿乔木，种子有很硬的壳，两端尖，称"榧子"，仁可食，亦可入药、榨油。

席丰履厚的节令漫谈

春　节

　　宋人将农历正月初一称为元旦或者元日，元日的风俗丰富多彩，特别是都城东京的元日饮食习俗对后世中原地区甚至全国影响深远。《东京梦华录》中有详细的记载。据文献所记，北宋东京居民元日饮食主要有馎饦、屠苏酒、椒柏酒和五辛盘等。北宋时期元日饮用屠苏酒成为惯例，并被文人所津津乐道，苏轼、苏辙、陆游和王安石等文人都有关于元日饮用屠苏酒的诗句。例如，王安石的《元日》便是当时屠苏酒在先民元日饮食中重要地位的生动写照。宋人在元日期间还喜欢以各种食物、果实等从事关扑赌博，以占一年气运。

新 岁

陆 游

改岁钟馗在^①，依然旧绿襦^②。

老庖供馎饦^③，跣婢暖屠苏^④。

载糗送穷鬼^⑤，扶箕迎紫姑^⑥。

儿童欺老聩^⑦，明烛聚呼卢^⑧。

【注释】

①钟馗：是中国道教中能打鬼驱邪的神。旧时中国民间常挂钟馗神像辟邪除灾，从古至今都流传着"钟馗捉鬼"的典故传说，也是道教中的著名神仙之一。

②襦（rú）：短衣，短袄。

③庖：厨师。馎（bó）饦（tuō）：汤饼一类的食物。或以为汤面。也作"馎饨""不托""拉面"。索饼和馎饦都是北宋时期主要的面食，时人认为春天吃这两种面食有长寿的寓意。

④跣婢：打赤脚的女仆。屠苏：指屠苏酒，古代一种酒名，常在农历正月初一饮用，以驱邪避瘟疫，求得长寿。

⑤糗（qiǔ）：干粮。

⑥扶箕：同"扶乩"，一种求卜的方式。

⑦老聩（kuì）：又老又聋。

⑧呼卢：赌博时发出的喊声，代投骰子之戏。

元旦，京师人家多食索饼①，所谓年馎饦，或此之类。(《岁时杂记》)

【注释】

①索饼：面条。《释名·释饮食》："蒸饼、汤饼、蝎饼、髓饼、金饼、索饼之属皆随形而名之也。"

元　日①

王安石

爆竹声中一岁除②，春风送暖入屠苏。

千门万户曈曈日③，总把新桃换旧符④。

【注释】

①元日：农历正月初一，即春节。

②爆竹：古人烧竹子时使竹子爆裂发出的响声，用来驱鬼辟邪，后来演变成放鞭炮。一岁除：一年已尽。除，逝去。

③千门万户：形容门户众多，人口稠密。曈曈：日出时光亮而温暖的样子。

④桃：桃符，古代一种风俗，农历正月初一时人们用桃木板写上神荼、郁垒两位神灵的名字，悬挂在门旁，用来压邪。也作春联。

元宵节

正月十五为"元宵节"。受道教的影响,唐初的元宵节又称上元节,唐末才偶称元宵。元宵节猜灯谜、吃元宵的节日习俗在当今依然可以感受到,而在宋代,从腊月初便开始在晨晖门看台上用灯笼烛火装饰点缀,气派至极,声势浩大,设置在看台周围的小吃也琳琅满目。

宋代时,焦𫗧仍然是上元节最重要的节食,郑望《膳夫录·汴中节食》载"汴中节食,上元油𫗧"。除此之外,常见节食还有蚕丝饭、元宵、盐豉汤等。据《岁时杂记》载蚕丝饭的做法为"捣米为之,朱绿之,玄黄之,南人以为盘餐",这种捣米染色的年糕之类的食品,从南方传入汴京,也成了北人的上元节食物。后世的元宵,是从油𫗧演变而来的,油𫗧不经油炸,而经水煮,即为"元宵"。上元元宵和中秋月饼一样,有团圆美满的寓意,因而南宋人周必大《元宵煮浮圆子,前辈似未曾赋此,坐间成四韵》诗云:"今夕是何夕,团圆事事同。"再有盐豉汤,是以盐豉为捻头,杂肉相煮的汤羹,也是上元节的美食之一。

宣和年间①，自十二月于酸枣门（二名景龙门）上，如宣德门元夜点照②，门下亦置露台，南至宝箓宫，两边关扑买卖。晨晖门外设看位一所，前以荆棘围绕③，周回约五七十步，都下卖鹌鹑骨饨儿、圆子、堆拍、白肠、水晶鲙、科头细粉、旋炒栗子银杏、盐豉汤、鸡段、金橘、橄榄、龙眼、荔枝诸般市合，团团密摆，准备御前索唤④。以至尊有时在看位内，门司⑤、御药⑥、知省⑦、太尉悉在帘前⑧，用三五人弟子祗应。粃盆照耀⑨，有同白日。仕女观者⑩，中贵邀住⑪，劝酒一金杯令退。直至上元⑫，谓之"预赏"⑬。惟周待诏瓠羹贡余者，一百二十文足一个，其精细果别如市店十文者。（《东京梦华录·十六日》）

【注释】

①宣和：宋徽宗的年号（1119—1125）。

②宣德门：北宋京城宫门名。

③荆棘：荆，荆条，无刺；棘，酸枣，有刺。两者常丛生为丛莽。

④索唤：呼叫索取；索要。

⑤门司：指大内的司阍。

⑥御药：御药院的官员。

⑦知省：天子的贴身内侍。

⑧太尉：宋徽宗时官阶最高的武官，本身并不表示任何职务，只是作为武官的尊称。

⑨粃盆：一种金属盆子。在夜间把麻根置于盆内焚烧照明。

⑩仕女：官宦家庭出身的女性。

⑪中贵：有权势的太监。中，即禁中，指皇宫。

⑫上元：节日名。俗以农历正月十五日为上元节，也叫元宵节。

⑬预赏：谓提前放灯供人观赏。

京师上元节食焦䭔①，最盛且久②。又大者，名柏头焦䭔。凡卖䭔必鸣鼓，谓之"䭔鼓"。每以竹架子出青伞，缀装梅红缕金小灯毯儿③。竹架前后，亦设灯笼，敲鼓应拍，团团转走④，谓之打旋罗⑤。罗列街巷，处处有之。(《岁时杂记》)

【注释】

①䭔：古代的一种米制品，现代的称谓有麻圆、麻团、珍袋、油堆、芝麻球等。

②盛：兴旺。

③梅红：像红梅那样的颜色。缕金：金丝。

④团团：旋转不停的样子。

⑤打旋罗：是古时小贩卖蒸饼、烧饼等食品时招揽生意的一种方法。

清明节

宋代人通常是把冬至后的第105天定为大寒食。

大寒食的第三日为清明节，清明节祭祖、扫墓的习俗也一直延续至今。《东京梦华录》中清晰记录了清明节前后的饮食，品类丰裕，充满寓意。大寒食的前一天叫"炊熟"，这一天家家都用面粉制作枣𫗧飞燕，做好之后用柳条穿起来，挂到门楣上。这样穿起来的枣𫗧飞燕叫"子推燕"。清明祭扫回城的人们往往会从郊外买些枣𫗧、炊饼、黄胖、好看的花草、罕见的水果、山亭、戏具、鸭蛋、小鸡这类东西带回城里。清明节当天，街头巷尾可以买到稠物、麦糕、乳酪、乳饼之类的食品。

清明节，寻常京师以冬至后一百五日为大寒食①。前一日谓之"炊熟"，用面造枣𫗧飞燕②，柳条串之，插于门楣，谓之"子推燕"③。子女及笄者④，多以是日上头⑤。寒食第三日，即清明节矣。凡新坟皆用此日拜扫。都城人出郊。禁中前半月发宫人车马朝陵，宗室南班近亲，亦分遣诣诸陵坟享祀，从人皆紫衫，白绢三角子，青行缠⑥，皆系官给。节日亦禁中出车马，诣奉先寺、道者院祀诸宫人坟，莫非金装绀幰⑦，锦额珠帘、绣扇双遮，纱笼前导。士庶阗塞。诸门纸马铺，皆于当街用纸衮叠成楼阁之状。四野如市，往往就芳树之下，或园圃之间，罗列杯盘，互相劝酬。都城之歌儿舞女，遍满园亭，抵暮而归。各携枣𫗧、炊饼，黄胖⑧、掉刀⑨，名花异果，山亭戏具⑩，鸭卵鸡雏，谓之"门外土仪"。轿子即以杨柳杂花装簇顶上，四垂遮映。自此三日，皆出城上坟，但一百五日最盛。节日坊市卖稠饧^⑪、麦糕、乳酪、乳饼之类。缓入都门，斜阳御柳；醉归院落，明月梨花。诸军禁卫，各成队伍，跨马作乐四出，谓之"摔脚"。其旗旄鲜明，军容雄壮，人马精锐，又别为一景也。(《东京梦华录·清明节》)

【注释】

①大寒食：寒食节乃冬至后105日。民间以104日始禁火，谓之大寒食。106日为小寒食；或以105日为官寒食，而以104日为私寒食。寒食前一日谓之"炊熟"。

②枣𪚩飞燕：把枣𪚩做成燕子的形状。𪚩，即炊饼，是一种面粉做的蒸饼。枣𪚩就是表面上附以枣的蒸饼。

③子推燕：子推指介子推。相传他在晋文公放火烧山时被烧死，寒食禁火就是为了纪念介子推。寒食节制作的枣𪚩飞燕，所以又叫作"子推燕"。

④及笄：指女子已成年。古时女子年十五为成年，盘发插笄。笄，发簪。

⑤上头：指女子到达笄年，可以束发插笄。

⑥行缠：裹足布或绑腿。

⑦绀(gàn)：浅天蓝色。幰(xiǎn)：车上挂的幔。

⑧黄胖：用汴京城里的春间湖（有人说是金明池）边的黄土捏成的土偶。在游春的时节，大人购回送给小儿们当作玩物。

⑨掉刀：古代战刀的一种，此处不是指兵器，而是做成掉

刀样的儿童玩具。

⑩山亭：泥塑的山水风景、亭台楼阁、人物花鸟等玩物。
戏具：游戏用具。

⑪稠饧（xíng）：一种很黏稠的饴糖。

浴佛节

佛教认为佛祖释迦牟尼的诞生日在农历四月初八
（也有人说是二月八日）。这一天被称为"佛诞日"，各
寺庙要举行灌佛会，因此这一天又叫"浴佛节"。在这
一天，各寺都会煮加糖的香药水来彼此赠送，人们把
这种甜香药水叫"浴佛水"。《东京梦华录》中描述了春
日里人们常食用的几种果蔬。在农历四月，新杏开始
上市，颜色还有点青，樱桃也开始上市。茄子和瓠子
也是刚成熟。这个时节的时令水果有御桃、李子、金杏、
林檎等。

四月八日佛生日①，十大禅院各有浴佛斋会，煎香药糖水相
遗，名曰"浴佛水"。迤逦时光昼永，气序清和。榴花院落，时
闻求友之莺；细柳亭轩，乍见引雏之燕。在京七十二户诸正店，
初卖煮酒②，市井一新。唯州南清风楼最宜夏饮，初尝青杏，乍
荐樱桃，时得佳宾，觥酬交作。是月茄瓠初出上市，东华门争

先供进，一对可直三五十千者。时果则御桃、李子、金杏、林檎之类③。(《东京梦华录·四月八日》)

【注释】

①佛生日：释迦牟尼的诞生日。又称"佛诞日"。

②煮酒：此处"酒"指"新酒"。

③御桃：此果名源自汉献帝典故："汉献帝自洛迁许，许州之小李色黄，大如樱桃，帝爱而植之，后即名曰御桃。"林檎（qín）：亦作"林禽"，植物名，又名花红、沙果。

端午节

　　端午节源于南方先民创立用于拜祭祖先的日子，后流传因屈原在农历五月五日跳汨罗江自尽，人们便将端午节作为纪念屈原的节日。至今我们都有吃粽子、赛龙舟、插艾草、佩戴香囊的习俗。《东京梦华录》中记载了宋朝端午节常备的节日物品，包括百索、艾花、银样鼓儿花、花巧画扇、香糖果子、粽子、白团、紫苏、菖蒲、木瓜等。紫苏和菖蒲要切碎，然后与香药糅合在一起，都装进盒子存储。从农历五月初一起到端午节的前一天为止，满街叫卖的都是桃枝、柳枝、葵花、蒲叶、佛道艾等物。端午节这一天家家都会用粽子、五色水团、茶、酒来招待客人，人们相互来往和宴饮。

在宋代，粽子也是端午节最重要的节日食品，并且已经有了"蜜饯粽"，即果品入粽，此外必备节日食物还有白团和香糖果子。如《岁时广记》云："京师今开封人以端五日为解粽节，又解粽为献，以叶长者为胜，叶短者为输，或赌博，或赌酒。"北宋的粽子在馅儿料和制法上都有花样，品种甚多。例如，吕原明《岁时杂记》云："端午粽子，名目甚多，形制不一，有角粽、锥粽、菱粽、筒粽、秤锤粽，又有九子粽。"到了南宋在临安还出现了"巧粽"。周密《武林旧事》卷《端午》载："糖蜜巧粽，极其精巧……巧粽之品不一，至结为楼台舫辂。"至于端午的白团和各种果子食品，吕原明《岁时杂记》云："端午作水团，又名白团。或杂五色人兽花果之状，最精者名滴粉团，或加察香。又有干团不入水者。"可见这种白团类似于今天的汤圆。宋代还出现了"果子"这一新的端午节食，其种类繁多。香糖果子是用"紫苏、首蒲、木瓜并皆茸切，以香药相和"。吕原明《岁时杂记》中记载："都人以曹蒲、生姜、杏、梅、李、紫苏，皆切如丝，入盐曝干，谓之百草头或以糖、蜜渍之，纳梅皮中，以为酿梅。皆端午果子也。"

端午节物：百索①、艾花、银样鼓儿花②、花巧画扇、香糖果子、粽子、白团、紫苏③、菖蒲、木瓜，并皆茸切④，以香药相和，用梅红匣子盛裹。自五月一日及端午前一日，卖桃、柳、葵花、蒲叶、佛道艾⑤；次日家家铺陈于门首，与粽子、五色水团⑥、茶酒供养；又钉艾人于门上，士遮递相宴赏。（《东京梦华录·端午》）

【注释】

①百索：用五色丝线编结的索状饰物，亦名长命缕。

②银样鼓儿花：颜色雪白、状如小鼓的人造花。

③紫苏：别名桂荏、百苏、赤苏等。一年生草本，茎、叶、子、实均可入药。

④茸切：切成碎末。

⑤佛道艾：即伏道艾，端午节用以辟邪。在宋朝被认为是艾中佳品，因产于河南汤阴之伏道，故称伏道艾。

⑥五色水团：一种用糯米粉制作的团子，也叫水团、白团。其精者名滴粉团。往往杂以染了各种颜色的糯米粉来捏成人形、兽形、花果形。民间往往是在端午节才做水团。

七夕节

七夕节，又名乞巧节、七巧节或七姐诞，专指农历七月初七日，来自牛郎与织女的传说，纪念夫妻双方恪守承诺、坚贞不渝的情感。随着时间演变，七夕现已成为中国的情人节。而在宋代，这一天则还有求子、供奉"磨喝乐"的习俗。另有一种流行小玩意儿是在瓜上雕刻出各种花样，称之为"花瓜"，还有人用油、面粉、糖、蜂蜜做成一种面食，并给它取名叫"果食"。"果食"的造型千变万化、新奇古怪。初六和七夕的夜里，有钱的人家会在自家院子里搭起彩楼，人们把这样的彩楼叫作"乞巧楼"，摆出磨喝乐、花瓜、酒炙、笔砚、针线等物，还让男孩子们来作诗，让女孩子把各自做得出色的针线活拿出来陈列，依次烧香叩拜，这就叫"乞巧"。此外，煎饼也是七夕的节食，吕原明《岁时杂记》云："七夕，京师人家亦有造煎饼供牛女及食之者。"

七月七夕，潘楼街东宋门外瓦子、州西梁门外瓦子、北门外、南朱雀门外街及马行街内，皆卖磨喝乐①，乃小塑土偶耳。悉以雕木彩装栏座，或用红纱碧笼，或饰以金珠牙翠，有一对直数千者。禁中及贵家与士庶为时物追陪②。又以黄蜡铸为凫、雁、鸳鸯、鸂鶒③、龟、鱼之类，彩画金缕，谓之"水上浮"。又以小板上傅土④，旋种粟令生苗，置小茅屋花木，作田舍家小人物，皆村落之态，谓之"谷板"。又以瓜雕刻成花样，谓之"花瓜"。又以油面糖蜜造为笑靥儿，谓之"果食"，花样奇巧百端，如捺香方胜之类。若买一斤，数内有一对被介胄者⑤，如门神之像。盖自来风流⑥，不知其从⑦，谓之"果食将军"。又以菉豆、小豆、小麦于磁器内以水浸之，生芽数寸，以红蓝彩缕束之⑧，谓之"种生"⑨。皆于街心彩幕帐设出络货卖。七夕前三、五日，车马盈市，罗绮满街⑩，旋折未开荷花⑪，都人善假做双头莲⑫，取玩一时，提携而归，路人往往嗟爱。又小儿须买新荷叶执之，盖效颦磨喝乐。儿童辈特地新妆，竞夸鲜丽⑬。至初六日、七日晚，贵家多结彩楼于庭，谓之"乞巧楼"⑭。铺陈磨喝乐、花瓜、酒炙⑮、笔砚、针线，或儿童裁诗⑯，女郎呈巧，焚香列拜，谓之"乞巧"⑰。妇女望月穿针。或以小蜘蛛安合子内，次日看之，若网圆正，谓之"得巧"⑱。里巷与妓馆，往往列之门首，争以侈靡相尚⑲。（元老自注："磨喝乐，本佛经'摩睺罗'，今通俗而书之。"）（《东京梦华录·七夕》）

【注释】

①磨喝乐：梵文音译。原指佛教八部众神之一的"摩睺罗"神。在宋朝时百姓借其名制作一种土偶，于七夕供养，也叫"化生"，以期求子。

②追陪：作为陪衬。

③鸂（xī）鶒（chì）：一种类似鸳鸯的水鸟，羽毛多为紫色，性喜结偶而游，故又称紫鸳鸯。

④傅土：薄薄地铺垫一层土。

⑤介胄：铠甲和头盔。

⑥自来风流：从来都很时尚。风流，时尚。

⑦从：起源。

《货郎图》 南宋　苏汉臣绘

《春宴图卷》（局部） 南宋 佚名绘

《撵茶图》 南宋 刘松年绘

⑧彩缕：彩色丝线。

⑨种生：七夕时的习俗，将豆或小麦浸在水中使其生芽，再用红蓝色的彩线捆束，称为"种生"。也称为"种五生"。

⑩罗绮：比喻女子。罗与绮，皆丝织品，常为妇女所服。

⑪旋折（zhé）：盘旋曲折。

⑫双头莲：并排地长在同一个茎上的两朵莲花。

⑬鲜丽：色彩鲜明亮丽。

⑭乞巧楼：乞巧的彩楼。

⑮酒炙：此指雄黄酒和艾草。

⑯裁诗：此指按格律来凑诗句。

⑰乞巧：相传农历七月七日为牵牛、织女二星相会之期，旧俗妇女此夕必备陈放瓜果、鲜花、胭脂于庭中向天祭拜，以期拥有娇美的面貌；并对月引线穿针，以期双手灵巧，长于刺绣织布，称为"乞巧"。

⑱得巧：妇女以小蜘蛛安置盒内，次日看它结网之状，若网丝密而圆正，亦谓之得巧。

⑲侈靡：奢侈淫靡。

中元节

中元节在农历七月十五日，在民间俗称鬼节，佛教称为盂兰盆节。宋朝时成为民间的一个传统节日，这一天要扫墓祭拜祖先。在这个节日之前的数日，街上便有卖各种冥器、靴鞋、幞头、帽子、金犀假带、五彩衣服的，也有卖果食、种生、花果之类的食品；在七月十五这一天，给祖先供的食品以素食为主。天刚刚亮，街上就有卖稞米饭的，一般是挨家挨户地叫卖。街上还有卖转明菜花、花油饼、馂馅、沙馅之类食品的。还有焚烧用纸和竹篾制作的钱山，以祭奠既往为国捐躯的战士们和过世之人。

七月十五日，中元节①。先数日，市井卖冥器②、靴鞋、幞头、帽子、金犀假带、五彩衣服，以纸糊架子盘游出卖③。潘楼并州东西瓦子，亦如七夕，耍闹处亦卖果食、种生、花果之类，及印卖《尊胜目连经》④。又以竹竿斫成三脚，高三五尺，上织灯窝之状，谓之盂兰盆⑤，挂搭衣服、冥钱在上焚之。勾肆乐人，自过七夕，便般"目连救母"杂剧⑥，直至十五日止，观者增倍。中元前一日，即卖楝叶，享祀时铺衬卓面。又卖麻谷窠儿⑦，亦是系在卓子脚上，乃告祖先秋成之意。又卖鸡冠花，谓之"洗手花"。十五日供养祖先素食，才明即卖稞米饭⑧，巡门叫卖⑨，亦告成意也。又卖转明菜花、花油饼、馂馅、沙馅之类⑩。城外有新坟者，即往拜扫。禁中亦出车马诣道者院谒坟。本院官给祠部十道⑪，设大会，焚钱山，祭军阵亡殁，设孤魂之道场。(《东京梦华录·中元节》)

【注释】

①中元节：民间传说，在中元节这一天，地府阎王会释放出全部鬼魂，所以民间就普遍进行祭祀鬼魂的活动。

②冥器：焚化给死者的纸制器物。

③盘游：四处游乐。

④《尊胜目连经》：佛家经卷。

⑤盂兰盆：梵文音译，意思是"救倒悬"。旧传目连从佛言，于农历七月十五日置百味五果，供养三宝，以解救其亡母于饿鬼道中所受倒悬之苦。南朝梁以降，成为民间超度先人的节日。是日延僧、尼结盂兰盆会，诵经施食。后仅具祭祀仪式，而不延请僧、尼。

⑥"目连救母"杂剧：这部杂剧源出佛教故事，故事叙述佛陀弟子目连拯救亡母出地狱的事。

⑦麻谷窠儿：在农历七月十五日，京城郊外的乡民习惯于到田地里把玉蜀黍苗和麻粟苗连根带土拔出来，捆成把，带回家，在自己家大门的左右两侧各钉上一大把。此外还要把三大捆的玉蜀黍苗和麻粟苗竖立在门外，并供面果，这叫"祭麻谷窠儿"。

⑧穄米：即穈，似黍而不黏，易熟。

⑨巡门：挨家挨户。

⑩糠（xiàn）：馅儿。

⑪祠部：官署名。此处所提的"祠部十道"是指祠部给僧、

尼等颁发的度牒。

立秋节

立秋节，也称七月节。在唐代，每逢立秋日，便要祭祀五帝，《新唐书·礼乐志》："立秋立冬祀五帝于四郊。"到了宋代，立秋之日，男女都戴楸叶，以应时序。有以石楠、红叶剪刻花瓣簪插鬓边的风俗，也有以秋水吞食小赤豆七粒的风俗（见《临安岁时记》），又有在立秋前一日，陈冰瓜、蒸茄脯、煎香薷饮等风俗。立秋前后的这一个月是瓜、果、梨、枣上市最多的时节，在京城多有贩卖。例如，京城里卖的枣有以下几个主要品种：灵枣、牙枣、青州枣、亳州枣等。对此《东京梦华录》也有详细记载。

立秋日，满街卖楸叶①，妇女儿童辈皆剪成花样戴之。是月，瓜果梨枣方盛。京师枣有数品：灵枣、牙枣、青州枣、亳州枣。鸡头上市，则梁门里李和家最盛。中贵戚里②，取索供卖。内中泛索③，金合络绎④。士庶买之⑤，一裹十文⑥，用小新荷叶包，糁以麝香⑦，红小索儿系之。卖者虽多，不及李和一色拣银皮子嫩者货之。（《东京梦华录·立秋》）

【注释】

①楸：落叶乔木，可造船，亦可做器具。宋代民俗以戴楸叶为秋日到来的象征。

②中贵戚里：天子最亲信的显要内侍以及天子的外戚及其家属。

③内中泛索：皇帝及后妃们临时提出所用的点心。

④络绎：前后相连，继续不断。

⑤士庶：士人和普通百姓。亦泛指人民、百姓。

⑥一裹：一包。

⑦糁（sǎn）：涂抹；粘。麝香：雄麝脐部麝腺的分泌物。黄褐色或暗赤色，香味甚烈，干燥后可制成香料，亦可入药。

秋　社

秋社指立秋后第五个戊日，是秋季祭祀土地神的日子。此时收获已毕，官府与民间皆于此日祭神答谢。宋时秋社有食糕、饮酒、妇女归宁之俗。在农历八月秋社到来的时候，家家户户都相互馈送社糕和社酒。宫廷里则是把猪肉、羊肉、腰子、奶房、肚、肺、鸭饼、瓜、姜之类的菜肴切成棋子大小的片，经过烹调，调和滋味，然后摊铺在米饭上，称之为"社饭"，用来招待客人和奉祀。在秋社这一天，妇女们会带着孩子回娘家。外公、姨娘、舅舅们会拿些新的葫芦，并且在葫芦里装入新枣，送给外甥们，预示吉利。

八月秋社①，各以社糕、社酒相赍送贵戚②。宫院以猪羊肉、腰子、奶房、肚肺、鸭饼、瓜姜之属，切作棋子片样，滋味调和，铺于饭上，谓之"社饭"，请客供养。人家妇女皆归外家，晚归，即外公、姨、舅皆以新葫芦儿、枣儿为遗，俗云宜良外甥③。市学先生预敛诸生钱作社会④，以致雇倩、祗应白席⑤、歌唱之人。归时各携花篮、果实、食物、社糕而散。春社、重午、重九亦是如此⑥。(《东京梦华录·秋社》)

【注释】

①秋社：立秋后第五个戊日，约新谷登场的八月，是为秋社。

②社糕、社酒：为社日所准备的糕与酒。

③宜良：给人带来好运。

④市学：村镇上的学校私塾。

⑤白席：承担宴会组织安排工作的人。

⑥春社：古时立春后第五个戊日为春社，祭祀土地神，以祈农事丰收。重午：端午节，农历五月五日。重九：农历九月九日，因含两九故称重九，俗称重阳。重阳又称"踏秋"，这一天要登高，插茱萸，赏菊花。

中秋节

中秋节，源自天象崇拜，又称祭月节、仲秋节、团圆节等，是中国民间的传统节日。中秋节自古便有祭月、赏月、吃月饼、玩花灯、赏桂花、饮桂花酒等民俗，流传至今，经久不息。中秋节普及于汉代，定型于唐初，盛行于宋代。《东京梦华录》中记载了宋代中秋时民间的玩乐和吃食。中秋时节，恰值蔬果、水产丰收之时，食物丰富，新上市的水产有螃蟹；水果有石榴、榅桲、梨、枣、栗子、孛萄、弄色枨橘等。但在宋人的诗词中多次提到的是莼菜鲈鱼脍和新酒，而且在中秋宴会上，酒和鱼总是相伴出现，供人们品尝。中秋以月圆象征团圆美满，全民都在家中装点节日气氛。富贵人家的亭台楼榭张灯结彩，装饰一新；平民百姓到酒店里争占便于赏月的座次或包间。人们在欢度中秋佳节时常常丝管悠扬，鼓乐喧天，直至天亮。

中秋节前，诸店皆卖新酒，重新结络门面彩楼。花头画竿①，醉仙锦旆②，市人争饮，至午未间。家家无酒，拽下望子。是时螃蟹新出，石榴、榅桲、梨、枣、栗、孛萄、弄色枨橘③，皆新上市。中秋夜，贵家结饰台榭，民间争占酒楼玩月。丝篁鼎沸④，近内庭居民，夜深遥闻笙竽之声⑤，宛若云外。闾里儿童⑥，连宵嬉戏。夜市骈阗⑦，至于通晓⑧。(《东京梦华录·中秋》)

【注释】

①花头画竿：彩绘，顶端有花朵状饰物的高耸旗杆。

②醉仙锦斾：绣有李白画像的锦旗。

③弄色：故意显露美色，此处指颜色鲜艳。枨橘：橙子的一种。

④丝篁鼎沸：此指弦、管乐器的喧闹声。丝篁，泛指弦乐器和管乐器。

⑤笙（shēng）竽（yú）：笙和竽。因形制相类，故常联用。竽亦笙属乐器，有三十六簧。

⑥闾（lú）里：乡里，泛指民间。

⑦骈（pián）阗（tián）：聚集在一起。也作"骈填""骈田"。

⑧通晓：从晚上到天亮，彻夜。

重阳节

重阳节，农历九月初九，二九相重，又称为"重九"。九是阳数，故重九亦叫"重阳"。民间在该日有登高的风俗，所以重阳节又称"登高节"。还有重九节、茱萸节、菊花节等说法。除此之外，"九九"谐音是"久久"，有长久之意，所以常在此日祭祖与推行敬老活动。《东京梦华录》中记载了北宋时重阳节的盛况：京城里的菊花到处可见，酒楼也喜欢用菊花来彩扎成门户的样子。不少京城里的人到城外爬山登高，如仓王庙、四里桥、愁台、梁王城、砚台、毛驼冈、独乐冈。重阳节前一两天，人们用粉面来做蒸糕，相互赠送。送人的蒸糕上插上剪裁好的小彩旗，还会堆放水果，如石榴籽、栗子黄、银杏、松子肉之类。

九月重阳，都下赏菊有数种：其黄白色蕊若莲房曰"万龄菊"，粉红色曰"桃花菊"，白而檀心曰"木香菊"，黄色而圆者曰"金铃菊"，纯白而大者曰"喜容菊"，无处无之。酒家皆以菊花缚成洞户。都人多出郊外登高，如仓王庙、四里桥、愁台、梁王城、砚台、毛驼冈、独乐冈等处宴聚。前一二日，各以粉面蒸糕遗送，上插煎彩小旗，掺饤果实[①]，如石榴子、栗子黄、银杏、松子肉之类。又以粉作狮子、蛮王之状，置于糕上，谓之"狮蛮"。诸禅寺各有斋会[②]，惟开宝寺、仁王寺有狮子会[③]。诸僧皆坐狮子座上[④]，作法事讲说，游人最盛。下旬即卖冥衣、靴鞋、席帽[⑤]、衣段[⑥]，以十月朔日烧献故也[⑦]。（《东京梦华录·重九》）

【注释】

①掺饤果实：各种水果混杂堆放在一起。掺，混杂在一起。饤（dìng），堆积。

②斋会：禅寺在特定日期的集会。

③狮子会：宋代重阳节时，京城大寺院里僧人例行的一种法会。

④狮子座：说法者的座椅，后泛指高僧说法的坐席，也称为"猊座"。

⑤席帽：大帽，也叫大裁帽，以黑縠为之，以隔风尘。席帽多为未有功名之士所戴。它是未中举人的人士之身份标志。

⑥衣段：用看来像缎料的东西做成的冥衣。

⑦朔日：阴历每月初一。

腊　日

宋代时，腊日是一个重要节日，在民间"冬至节、腊八节"常常并称。然而，宋代的腊日并非在十二月八日，而是被提前到十二月八日之前，但在腊八节煮食腊八粥的习俗一直沿用至今。腊八粥的流传与佛教有关，传说古印度的乔达摩·悉达多饥饿时吃了牧女煮的果粥，静思菩提树下，于十二月八日成佛，他就是佛祖释迦牟尼。后来佛教僧众为了纪念他成佛，就在腊八诵经，煮粥敬佛，其粥便为腊八粥。北宋时，腊八煮食腊八粥的习俗就非常流行了。孟元老《东京梦华录》卷载，十二月八日"诸大寺作浴佛会，并送七宝五味粥与门徒，谓之腊八粥。都人是日各家亦以果子杂料煮粥而食也"。宋室南渡后，腊八煮食腊八粥的习俗继续盛行，寺院熬制的腊八粥有相当一部分用于馈送施主香客，以感谢他们一年来对寺院的施舍。受佛寺馈送的影响，世俗人家也有互相馈送腊八粥的习俗，陆游《十二月八日步至西村》一诗云："今朝佛粥更相馈，更觉江村节物新。"

十二月

十二月，街市尽卖撒佛花、韭黄、生菜、兰芽、勃荷①、胡桃、泽州饧。初八日，街巷中有僧尼三五人作队念佛，以银、铜沙罗或好盆器②，坐一金、铜或木佛像，浸以香水，杨枝洒浴，排门教化。诸大寺作浴佛会，并送七宝五味粥与门徒③，谓之"腊八粥"。都人是日各家亦以果子杂料煮粥而食也。(《东京梦华录·十二月》)

【注释】

①勃(bó)荷(hé)：即薄荷。

②沙罗：古代的盥洗用具，形状像盆，也叫"沙锣"。

③七宝五味粥：即腊八粥，用七种当年收获的新鲜粮食和瓜果煮成，南方一般为甜味粥，而中原地区吃腊八咸粥，粥内还要加肉丝、豆腐等。

除　夕

除夕是农历年的最后一天。除夕的节俗很多，与饮食有关的是"守岁"。"守岁"顾名思义是守候新岁之意。晋代已有守岁之俗，周处《风土记》云："蜀之风俗……除夕达旦不眠，谓之'守岁'。"守岁时，往往伴有家人团圆的夜宴。宋人守岁时，喜欢围炉团坐，通宵不睡边饮边唱。《梦粱录》中记载了南宋宫廷守岁时的饮食种类："十般糖、澄沙团、韵果、蜜姜豉、皂儿糕、蜜酥、小鲍螺酥、市糕、五色萁豆、炒槌栗、银杏等品。"在平常百姓家守岁时也要燃放爆竹，准备丰裕的食物，一家人团坐，酌酒歌唱。

除　夜

是日①，内司意思局进呈精巧消夜果子合②，合内簇诸般细果③、时果④、蜜煎⑤、糖煎及市食⑥，如十般糖、澄沙团⑦、韵果、蜜姜豉⑧、皂儿糕、蜜酥、小鲍螺酥⑨、市糕、五色萁豆⑩、炒槌栗、银杏等品。(《梦粱录·除夜》)

【注释】

①是日：此日、这天。

②消夜：夜里吃的点心；又指吃夜宵儿。

③细果：精美果品、精致的茶食。

④时果：应时的水果。

⑤蜜煎：即蜜饯。一种用蜜糖浸渍成的食品。也称"蜜饯""蜜渍"。

⑥市食：街市商店所卖的食物。

⑦澄（dèng）沙：过滤后较细腻的豆沙。

⑧豉（chǐ）：一种用熟的黄豆或黑豆经发酵后制成的食品。

⑨小鲍螺酥：一种精致的形似鲍螺的糕点。鲍螺，鲍鱼。

⑩萁（qí）：豆茎。

吃货的天堂

炉火明灭中的无穷韵味

史上最早的火锅

今天的火锅，在中华大地各处都大放异彩，四川、重庆的麻辣火锅；广式的猪肚鸡火锅、海鲜火锅；海南的椰子鸡火锅；北方的涮肉火锅，可谓千滋百味。其实火锅涮煮蘸料的饮食方式日久岁深，并非今人独享，甚至可以追溯到商周时期，但真正精致到"涮"着吃，并且有蘸料的记载，则以南宋诗人林洪《山家清供》"拨霞供"为最早。

《山家清供》中专门记录了两次吃火锅的"经历"。一次林洪在山中遭遇了大雪，偶得一只野兔，便依照山里人的吃法在桌上放个生炭的小火炉架上汤锅，把兔肉切成薄片涮着吃，再据各人口味，可蘸食不同的作料。另一次是五六年后，林洪来到南宋京城（杭州），于好朋友杨泳斋家筵席上再次吃到涮兔肉这道菜，可见这一料理方式已从山野间传入市井，是宋人很常见的食法了。作者林洪根据涮肉时热汤翻滚，仿佛晴江涌起雪白的浪头，短短几秒之后殷红的肉片变作晚霞般的浅粉色这一现象，故将这种烹饪方式命名为"拨霞供"。随后"拨霞供"被逐渐推广，而且不独兔肉，其他肉片与蔬菜均可一并涮之，蘸酱而食。从此，火锅，这一今天红遍大江南北的料理，便有了一个诗意而浪漫的名字——拨霞供。

向游武夷六曲①，访止止师，遇雪天，得一兔，无庖人可制②。师云③："山间只有薄批④，酒、酱、椒料沃之，以风炉安座上，用水少半铫⑤，候汤响，一杯后各分以筋，令自夹入汤摆熟⑥，啖之，乃随宜，各以汁供。"因用其法，不独易行，且有团栾热暖之乐⑦。

越五六年⑧，来京师，乃复于杨泳斋伯岩席上见此⑨，恍然去武夷，如隔一世。杨，勋家⑩，嗜古学而清苦者，宜此山林之趣。因诗之⑪："浪涌晴江雪，风翻晚照霞。"末云："醉忆山中味，都忘贵客来。"猪、羊皆可。《本草》云："兔肉补中，益气。不可同鸡食⑫。"（《山家清供·拨霞供》）

【注释】

①向：从前。武夷：山名，今福建境内。

②庖（páo）人：厨师。

③师云：止止师说。

④薄批：切成薄片。

⑤铫（diào）：煮开水熬东西用的器具。

⑥啖（dàn）：吃或给人吃。

⑦团栾：团聚。

⑧越：过了。

⑨杨泳斋：杨伯岩，字彦瞻，号泳斋。淳祐间，除工部郎，出守衢州。现存于世有《六帖补》二十卷、《九经韵补》一卷。

⑩勋家：勋门；勋贵之家。

⑪因：于是。

⑫不可同鸡食：不可以同鸡一起吃。

宋人也爱生鱼片

提起生鱼片，人们首先想到的一定是日本料理，其实，吃鱼生和肉生都是中国人发明的。中国古人为了将生鱼和生肉做区分还在"脍"字的基础上创造一个新字"鲙"，用"脍"来指细切的生肉，"鲙"指细切的生鱼。这种直接食用生鲜的方式，既对食材有要求，也能体现厨师精湛的刀技。在宋代吃生鱼片是十分普遍的现象，无论贵族还是平民，差不多都爱吃鱼生。《太平广记》记载了这样一件事，有位叫崔爽的人，吃生鱼上瘾，每次要吃上三斗才吃好，直到后来口中吐出一个像蛤蟆的怪物，才吓得他不敢再吃生鱼了。宋代的大文豪也几乎都喜欢吃鱼生。苏轼、陆游、欧阳修、梅尧臣等人都是鱼脍的发烧友。据记载，梅尧臣家有一个女厨特别擅长做鱼生，欧阳修年轻时在开封任职，每逢休假，便会去街上买几条鲜鱼带到梅尧臣家，让梅尧臣家的女厨来加工成鱼生。

其池之西岸，亦无屋宇①，但垂杨蘸水②，烟草铺堤，游人稀少，多垂钓之士，必于池苑所买牌子③，方许捕鱼，游人得鱼，倍其价买之，邻水斫脍④，以荐芳樽⑤，乃一时佳味也。(《东京梦华录·三月一日开金明池琼林苑》⑥)

【注释】

①屋宇：房屋、房子。

②垂杨：垂柳，古诗文中杨、柳常通用。蘸：沾湿之意。

③池苑所：金明池及琼林苑的管理机构。

④斫(zhuó)脍(kuài)：亦作"斫鲙"，将鱼肉切成薄片。

⑤荐：佐食。芳樽(zūn)：精致的酒器，亦借指美酒。

⑥金明池：金明池是北宋时期著名的皇家园林，位于东京汴梁城（今开封市）外。琼林苑：宋朝皇家苑名。位于河南省开封市西门外，宋乾德二年所置，新科进士均在此接受皇帝的赐宴。

池上饮食：水饭、凉水菉豆①、螺蛳肉②、饶梅花酒③、查片、杏片、梅子、香药脆梅④、旋切鱼脍⑤、青鱼、盐鸭卵⑥、杂和辣菜之类⑦。（《东京梦华录·池苑内纵人关扑游戏》）

【注释】

①菉（lù）豆：即绿豆。

②螺（luó）蛳（sī）：与田螺同类，长寸许，壳色黑而细长，产于淡水中。也称为"田青""蛳螺"。

③饶梅花酒：浓醇的梅花酒。

④香药脆梅：用香料、药材腌制的梅子。

⑤旋切鱼脍：一种快速制作而成的生鱼片。旋，比喻时间短暂。

⑥盐鸭卵：疑即咸鸭蛋。

⑦杂和辣菜：什锦辣菜。

买　鱼

陆　游

两京春荠论斤卖①，江上鲈鱼不直钱②。

斫脍捣齑香满屋③，雨窗唤起醉中眠。

【注释】

①两京春荠（jì）：典故喻境遇不同，尊卑自分而品性不移。

②直：通"值"。

③斫（zhuó）脍（kuài）捣（dǎo）齑（jī）：用刀砍鱼，用木

舂捣齑粉。斫，大锄；引申为用刀、斧等砍；脍，把鱼、肉切成薄片；齑，捣碎的姜、蒜、韭菜等。

秋 兴（其一）

陆 游

白头韭美腌虀熟[1]，赪尾鱼鲜斫脍成[2]。

却对盘飧三太息[3]，老年一饱费经营。

【注释】

①韭：叶细长而扁，夏秋间开小白花，叶和花嫩时可食。

腌虀（jī）：腌制的咸菜、酱菜。

②赪（chēng）尾：亦作"赪尾"，赤色的鱼尾，借指鱼。

③飧（tiè）：贪，贪食。太息：大声叹气。

秋日田园杂兴十二绝（其一）

范成大

细捣枨虀卖脍鱼[1]，西风吹上四腮鲈[2]。

雪松酥腻千丝缕[3]，除却松江到处无[4]。

【注释】

①枨虀（jī）：将姜、蒜、葱、韭等捣成碎末。虀，古同"齑"。

脍鱼：细切的鱼肉。

②四腮鲈：鲈鱼的一种，松江名产，本名松江鲈，肉嫩而肥，鲜而不腥，有四腮，故称。

③千丝缕：这里形容密切而复杂的口感。

④松江：吴淞江的古称，因流域在古代吴国境内，故称之为"吴淞江"。《后汉书·方术列传·左慈》中有"所少吴淞江鲈鱼耳"的记载。

千滋万味的流派

中国幅员辽阔，地大物博，因国土跨越的经纬度较大，各地区气候、物产差异也较大，加之各地区不同的民族、文化等因素，造就了我国不同地区饮食的差异，逐渐形成了各具特色的美食风味流派。这些不同的地方风味流派交相辉映，彰显了中华烹饪文化的独特魅力。在宋代，中国菜肴的风味流派已初步形成。《梦溪笔谈》中就记载了宋代北方人喜欢吃甜的，南方人喜欢吃咸的。素菜在宋代也获得较大发展，并开始以独立菜系的面目出现。在唐代及之前，人们更喜欢吃肉，蔬菜往往只作为辅食，到了宋代，蔬菜种类已经相当齐全，甚至出现了主要卖蔬菜制品的素食店。

有趣的是物种流传、食材的碰撞、风味的交融，使得多彩的饮食风貌出现在宋代。宋代笔记《东京梦华录》中便记载了北宋东京市肆上的北食店、川饭店等。宋代将食物分成了北食、南食、川味和素食，正标志了中国菜肴风味流派的初步形成。

向者汴京开南食面店^①，川饭分茶^②，以备江南往来士夫^③，谓其不便北食故耳^④。南渡以来^⑤，几二百余年^⑥，则水土既惯，饮食混淆，无南北之分矣。大凡面食店，亦谓之"分茶店"^⑦。若曰分茶，则有四软羹、石髓羹、杂彩羹、软羊焙腰子、盐酒腰子、双脆、石肚羹、猪羊大骨、杂辣羹、诸色鱼羹、大小鸡羹、撺肉粉羹、三鲜大熬骨头羹、饭食。更有面食名件：猪羊庵生面、丝鸡面、三鲜面、鱼桐皮面、盐煎面、笋泼肉面、炒鸡面、大熬面、子料浇虾躁面、熬汁米子、诸色造羹^⑧、糊羹、三鲜棋子^⑨、虾躁棋子、虾鱼棋子、丝鸡棋子、七宝棋子、抹肉银丝冷淘^⑩、笋燥齑淘、丝鸡淘、耍鱼面。又有下饭，则有焙鸡、生熟烧、对烧、烧肉、煎小鸡、煎鹅事件^⑪、煎衬肝肠、肉煎鱼、炸梅鱼、肚杂焐、豉汁鸡、焙鸡、大熬燠鱼等下饭。更有专卖诸色羹汤、川饭，并诸煎肉鱼下饭。且言食店门首及仪式^⑫：其门首，以枋木及花样沓结缚如山棚^⑬，上挂半边猪羊，一带近里门面窗牖^⑭，皆朱绿五彩装饰，谓之"欢门"^⑮。(《梦粱录·面食店》)

【注释】

①向者：副词，以往，从前。南食：用南方烹饪方法做成的饭菜。

②川饭分茶：古时川菜馆的名称。

③士夫：男子统称。

④不便：不适宜。北食：北方的食品、菜肴。

⑤南渡：史称建炎南渡，为南北宋的分界，是发生在两宋交替时期，康王赵构为了躲避北边金朝军队的南下追击而逃至江南的历史事件。靖康二年（1127），赵构从河北南下到陪都南京应天府（河南商丘）鸿庆宫祭祀赵宋祖庙，在宫殿内即位为宋高宗，改元建炎，南宋（1127—1279）建立。

⑥几二百余年：南宋从建炎元年（1127）开始到祥兴二年（1279）亡，共存在153年。

⑦分茶店：宋时指酒菜店或面食店。

⑧造羹：制作浓汤。

⑨棋子：一种做成棋子状的面粉食品，形圆而小，如糕点、馒头等。

⑩冷淘：凉食的面粉类食品。

⑪事件：也称为"事件儿"，鸟兽类的肠、胃、脏、腑等物。

⑫门首：门前、门口。

⑬山棚：彩绘的牌楼。

⑭窗牖（yǒu）：窗户。

⑮欢门：酒楼食店以五彩装饰的门面。

更有川饭店①，则有插肉面、大燠面、大小抹肉淘、煎燠肉、杂煎事件、生熟烧饭。（《东京梦华录·食店》）

【注释】

①川饭店：专做川菜的酒店。

及有素分茶①，如寺院斋食也。又有菜面，胡蝶齑疙瘩，及卖随饭、荷包白饭、旋切细料儿、瓜齑②、萝卜之类。(《东京梦华录·食店》)

【注释】

①素分茶：酒店里供应的素食。分茶，指饭食。

②瓜齑(jī)：用甜瓜加上各种调料制成的菜。

北食则矾楼前李四家、段家爊物①、石逢巴子②。南食则寺桥金家、九曲子周家，最为屈指。(《东京梦华录·马行街铺席》)

【注释】

①爊(āo)物：用小火焖煮出来的食物。

②巴子：采用烙或烤的办法制造出来的食品。

又有专卖素食分茶，不误斋戒①，如头羹②、双峰、三峰、四峰、到底签、蒸果子③、鳖蒸羊、大段果子、鱼油炸、鱼茧儿④、三鲜、夺真鸡、元鱼⑤、元羊蹄、梅鱼⑥、两熟鱼、炸油河豚、大片腰子、鼎煮羊麸、乳水龙麸、笋辣羹、杂辣羹、白鱼辣羹饭⑦。又下饭如五味麸、糟酱、烧麸、假炙鸭、干签杂鸠、假羊事件、假驴事件、假煎白肠、葱焙油炸、骨头米脯、大片羊、

红熬大件肉、煎假乌鱼等下饭。(《梦梁录·面食店》)

【注释】

①斋戒：在祭祀或举行重要典礼之前，沐浴更衣，不饮酒，不吃荤，夫妻不同房，严守戒律，以示虔诚庄敬。

②头羹：一种类似杂烩的食品。

③果子：点心。

④鱼茧(jiǎn)儿：鱼卷。

⑤元鱼：俗称甲鱼、水鱼、团鱼等，卵生爬行动物，水陆两栖生活。

⑥梅鱼：鱼名。形状像黄鱼而小，头大，尾柄细，腹背和鳍都呈黄色，生活在近海中，肉可食。

⑦白鱼：即白鲦。

瓠与麸薄切①，各和以料煎。麸以油浸煎，瓠以肉脂煎。加葱、椒、油、酒共炒。瓠与麸不惟如肉②，其味亦无辨者③。吴何铸宴客④，或出此。吴中贵家，而喜与山林友朋嗜此清味⑤，贤哉！或常作小青锦屏风，鸟木瓶簪，古梅枝缀象，生梅数花置座右，欲左右未尝忘梅。

一夕⑥，分题赋词⑦，有孙贵蕃、施游心，仆亦在焉⑧。仆得心字《恋绣衾》⑨，即席云："冰肌生怕雪来禁，翠屏前、短瓶满簪。真个是、疏枝瘦，认花儿不要浪吟。等闲蜂蝶都休惹，暗香来时借水沉。既得个厮偎伴任风雪。"尽自于心⑩，诸公差胜，今忘其辞。每到，必先酌以巨觥⑪，名"发符酒"，而后觞咏⑫，抵夜而去⑬。今喜其子侄皆克肖⑭，故及之。(《山家清供·假煎肉》)

【注释】

①瓠(hù)：葫芦科葫芦属，一年生蔓性草本。叶互生，呈掌状或菱状心脏形。卷须分歧。果实圆长，表面有毛，可食，亦可晒干贮藏。

②不惟：不仅。如肉：像肉一样。

③无辨：没有区别；混杂。

④何铸(1088—1152)：字伯寿，浙江余杭人。北宋政和五年(1115)进士，历官州县。以品德高尚、品性刚直入为诸王宫大小学教授，先后任秘书郎、监察御史、御史中丞等职。南宋绍兴十一年(1141)，岳飞下狱，何铸被命主持审讯。何铸曾经试图免除岳飞死罪。

⑤嗜(shì)：喜欢，爱好。清味：清淡的菜肴。

⑥一夕：一夜，一晚。

⑦分题赋词：诗人聚会，分探题目而赋诗。

⑧仆：旧谦称"我"。

⑨《恋绣衾》：恋绣衾，词牌名，又名"泪珠弹"。

⑩尽自于心：其他人也都以"心"为赋。

⑪觥(gōng)：中国古代用兽角制的酒器，后也有用木或铜制的。

⑫觞（shāng）咏：饮酒赋诗。

⑬抵夜：直到很晚。

⑭克肖：谓能继承前人。

女子也可以做职业"厨娘"

在古代，女厨可能比现在多，虽然在数量上仍比不过男性，但是女厨所占的比例却比现在高。古代请职业厨师的都是贵族家庭，家中的厨师数量也成为贵族之间相互攀比的一方面，因为贵族财力雄厚，资金充足，厨师们没有时间和食材的压力，做菜时往往追求精致。女子细心的特质恰好与其相符，因此后厨中不乏女性身影。坊间相传的古代十大烹饪名厨中，其中有六位女性，这些女厨不仅厨艺精湛，能研制出各种菜肴糕点，而且修养极佳。中国最早的职业女厨师出现在唐代，但"厨娘"这一称谓始于宋代。宋代笔记《旸谷漫录》和《江行杂录》记载了当时汴京的小户人家不重生男而重生女，而且对女孩异常疼爱，因材施教，培养出各种手艺高超的行家，供士大夫家雇聘，其中就有厨娘一职，虽说厨娘是这些职业中最下等的，但也只有极富贵的人家才能请得起。

京都中下之户^①，不重生男，每生女，则爱护如捧璧擎珠^②。甫长成^③，则随其资质教以艺业^④，用备士大夫采拾娱侍^⑤。名目不一，有所谓身边人、本事人、供过人、针线人、堂前人、剧杂人、拆洗人、琴童、棋童、厨子^⑥，等级截乎不紊。就中厨娘，最为下色，然非极富贵家不可用。

余以宝祐丁巳参闱^⑦，寓江陵^⑧。尝闻时官中有举似其族人置厨娘事^⑨，首末甚悉，谩申之以发一笑。其族人名某者，奋身寒素^⑩，已历二倅一守^⑪，然受用淡泊，不改儒家风^⑫。偶奉祠里居^⑬，便嬖不足使令^⑭，饮馔且大粗率^⑮。守念昔留某官处晚膳，出京都厨娘，调羹极可口，适有便介如京^⑯，谩作承受人书^⑰，嘱以物色，皆不屑教^⑱。未几^⑲，承受人复书曰："得之矣，其人年可二十余，近回自府第，有容艺，能算能书，旦夕遣以诣直^⑳。"不下旬月，果至。

初憩五里头时^㉑，遣夫先申状来，乃其亲笔也。字画端正，历叙庆新^㉒，即日伏事左右^㉓，末，乞以回轿接取，庶成体面。词甚委曲^㉔，殆非庸碌女子所可及^㉕。守一见为之破颜^㉖。及入门，容止循雅^㉗，红衫翠裙，参侍左右，乃退。守大过所望。少选，亲朋皆议举杯为贺，厨娘亦遽致使厨之请，守曰："未可展会^㉘，明日且具常食五杯五分。"厨娘请食品菜品质次^㉙，守书以予之。食品第一为羊头脸，菜品第一为葱齑^㉚，余皆易便者。厨娘谨奉旨，数举笔砚具物料，内羊头五分，各用羊头十个也。葱齑五碟，合用葱五斤，它物称是。守因疑其妄，然未欲遽示以俭鄙，姑从之，而密觇其所用③¹。

翌旦，厨师告物料齐，厨娘发行奁³²，取锅铫盂勺汤盘之属³³，令小婢先捧以行，璀烂耀目，皆是白金所为，大约亦止该五七十两。至如刀砧杂器³⁴，亦一一精致，旁观啧啧³⁵。厨娘更团袄围裙，银索攀膊³⁶，挥臂而入。据胡床，徐起切抹批脔³⁷，惯熟条理，真有运斤成风之势³⁸。其治羊头也，漉置几上³⁹，剔留脸肉，余悉置之地。众问其故，厨娘曰：“此皆非贵人所食矣。”众为拾顿他所⁴⁰。厨娘笑曰：“若辈真狗子也。”众虽怒，无语以答。其治葱齑下，取葱辄微过汤沸，悉去须叶，视碟之大小分寸而裁截之⁴¹，又除其外数重，取条心之似韭黄者，以淡酒醯浸渍，余弃置，了不惜。凡所供备，馨香脆美，济楚细腻⁴²，难以尽其形容。食之，举箸无赢余⁴³，相顾称好。

既撤席，厨娘整襟再拜曰⁴⁴：“此日试厨，幸中台意，照例支犒⁴⁵。”守方迟难⁴⁶，厨娘曰：“岂非待检例⁴⁷？”探囊取数幅纸以呈曰：“是昨在某官处所得支赐判单也。”守视之，其例每展会支赐，或至千券数匹，嫁娶或至三二百千双匹，无虚拘者⁴⁸。守破悭勉强⁴⁹，私窃唶叹曰⁵⁰：“吾辈事力单薄，此等筵宴，不宜常举；此等厨娘，不宜常用。”不两月，托以他事善遣以还。其可笑如此。(《旸谷漫录》⁵¹)

【注释】

①京都：古代对都城的通称，这里指南宋都城临安。中下之户：下等人家、平民百姓。

②擎（qíng）：向上托；举。

③甫（fǔ）：方才，刚刚。

④艺业：技艺。

⑤采拾：搜求；选取。娱侍：陪伴侍候使之欢乐。

⑥身边人、本事人……厨子：以上均为娱侍的不同名目，故有各种称谓。

⑦宝祐：南宋理宗（赵昀）年号（1253—1258）。

⑧江陵：宋时府名，在今湖北省荆州市。

⑨置：雇用。

⑩奋身：出身，指做官前家庭的社会地位。寒素：家世清贫低微。

⑪二倅一守：做过两任副职，一任正职。守，为州府的行政长官。

⑫儒家风：读书人的朴素习惯。

⑬奉祠：宋代五品以上官员，不能任事或年老退休，多被任为宫观使、提举、点提、主管官观等官，无职事但领俸禄，称为奉祀，又称奉祠。里居：回乡居住。

⑭便嬖（bì）：身边的婢女。

⑮饮馔（zhuàn）：美酒佳肴。

⑯介：仆人的别称。

⑰谩：同"漫"。承受人：介绍仆役的中间人。

⑱不屑教：不合意。

⑲未几：没有多久；很快。

⑳诣直：参见并效劳。

㉑五里头：指距离郡守居地较近的码头。

㉒历叙：一一说明。

㉓伏事：指侍候，服侍。

㉔委曲：曲折；委婉。

㉕庸碌：平凡庸俗。

㉖破颜：开颜；欢笑。

㉗容止循雅：仪容举止温顺文雅。

㉘未可展会：还不用举行宴会。

㉙请食品菜品质次：询问要吃的菜的品种质料的安排。

㉚葱齑：一种以葱为主，配以其他调料的菜肴。

㉛密觇（chān）：暗中窥探。

㉜行奁（lián）：指出行盛物的箱笼。

㉝铫（diào）：煮开水熬东西用的器具。盂：一种盛液体的器皿。

㉞刀砧（zhēn）：亦作"刀碪""刀枮"，刀和砧板。

㉟啧啧（zé）：形容咂嘴或说话声。

㊱银索攀膊：是桃衣承上配以银键饰物。攀，系结。

㊲批卨：剔肉切肉。卨，在此作动词用。

㊳运斤成风：用起斧子来带着风声。这里指熟练迅速。

㊴漉（lù）：液体慢慢地渗下。

㊵拾顿：收拾整理。

㊶裁截：切割成段。

㊷济楚：整齐清洁、鲜明。

㊸赢（yíng）余：亦作“盈余”，多余、剩余。

㊹整襟：犹“整衣”。

㊺照例支犒：按照规定支付赏钱。

㊻迟难：犹豫为难。

㊼检例：查阅酬赏的规格。

㊽虚拘：虚假不实。

㊾破悭：打破悭吝的习惯。

㊿喟（kuì）叹：感慨、叹气。

(51)《旸谷漫录》：作者为洪巽，约南宋末人，生平不详。原本《说郛》卷七十三收录六条，不都是故事，可见是杂记性著述。其中故事性作品，写得很好。旸谷，亦作“汤谷”。古代传说中的日出处。

上皇朝内人有两刘娘子。其一年近五旬，志性素谨[①]，自入中年，即饭素诵经，日有程课[②]，宫中呼为“看经刘娘子”。其一乃上皇藩邸人[③]，敏于给侍[④]，每上食，则就案所治脯脩[⑤]，多如上意，宫中呼为“尚食刘娘子”，乐祸而喜暴人之私[⑥]。（《春渚纪闻·两刘娘子报应》[⑦]）

①志性素谨：指性格慎重小心。

②程课：定额；定限。

③上皇：指宋孝宗。藩邸：诸侯的宅第。

④给侍：服侍；侍奉。

⑤脯脩：干肉。

⑥暴：同"曝"，曝光。

⑦《春渚纪闻》：笔记集。北宋人何薳撰。何薳，字子远，一作子楚，浦城（今属福建）人。自号韩青老农，仕历不详。其父何去非，曾由于苏轼的荐举而得官。

蔡太师京厨婢数百人①，庖子亦十五人②。段丞相有老婢名膳祖。（《膳夫录》）

【注释】

①蔡太师京：即蔡京，宋徽宗时拜太师。

②庖子：厨师。

多种多样的烹饪手法

宋代烹饪技术发展迅速，烹饪方式已经多达二三十种，我们今天做中餐常用的煎、炒、煮、炸、蒸、烤、炖、凉拌等烹饪技术都成熟于宋朝。南宋美食家林洪所编写的《山家清供》中记录的菜肴就涉及了多种烹饪方式。这些烹饪方式中尤为值得重视的是"炒"这一烹饪方式的形成和发展。在宋朝以前，做菜主要靠煮，人们吃的多是连汤带水的炖菜。宋代普及炒菜主要有两个原因：一是宋代广泛使用植物油。唐代其实也有炒菜，不过那时植物油太贵，人们用动物油做菜，长时间加热的话会糊锅，而且品相和味道不好。宋代植物油压榨技术突飞猛进，植物油的价格便宜，所以家家户户都可以用植物油炒菜。二是因为宋代铁锅的普及。随着冶铁和锻造技术的发展，宋代出现了薄底铁锅，这样的铁锅底薄、传热快，适合爆炒、煎炸。所以宋代的煎炒技术开始迅速发展，据《东京梦华录》记载，在当时的东京饮食市场上炒菜的品种很多，如炒兔、炒蛤蜊、生炒肺、炒蟹等。

开元中[①]，东宫官僚清淡[②]，薛令之为左庶子[③]，以诗自悼曰[④]："朝日上团团，照见先生盘。盘中何所有？苜蓿长阑干。饭涩匙难滑，羹稀箸易宽。以此谋朝夕，何由保岁寒？"上幸东宫[⑤]，因题其旁，有"若嫌松桂寒，任逐桑榆暖"之句。令之惶恐归[⑥]。

每诵此，未知为何物。偶同宋雪岩（伯仁）访郑墅钥[⑦]，见所种者，因得其种并法。其叶绿紫色而灰，长或丈余。采，用汤焯，油炒，姜、盐随意，作羹茹之[⑧]，皆为风味。

本不恶⑨，令之何为厌苦如此？东宫官僚，当极一时之选，而唐世诸贤见于篇什⑩，皆为左迁⑪。令之寄思恐不在此盘。宾僚之选⑫，至起"食无余"之叹⑬，上之人乃讽以去，吁！薄矣。（《山家清供·苜蓿盘》⑭）

【注释】

①开元：唐玄宗李隆基的年号（713—741）。

②东宫：指太子所居之宫。清淡：贫薄，没油水。

③薛令之（683—756）：字君珍，号明月。福建长溪县（今福安）人。薛令之以诗文名，为闽人以诗赋登第第一人。有《明月先生集》行世。左庶子：清詹事府左春坊之主官。唐以后于太子官署中设左右春坊，以左右庶子分隶之，以比侍中、中书令，自此相沿。

④悼（dào）：悲伤，哀念。

⑤幸：指皇帝、帝王到达某处。

⑥惶恐：恐惧不安的样子。

⑦宋雪岩：宋伯仁，宋代湖州人，一作广平人，字器之，号雪岩。理宗嘉熙时，为盐运司属官。工诗，善画梅。

⑧茹：吃。《方言》：茹，食也。吴越之间，凡贪饮食者谓之茹。

⑨恶：差。

⑩篇什：《诗经》的《雅》《颂》以十篇为一什，后用篇什指诗篇。

⑪左迁：降职调动，因古人贵右贱左，故将贬官称为左迁。

⑫宾僚：宾客幕僚。

⑬食无余：没有多余的食物。

⑭苜（mù）蓿（xu）：植物名，豆科苜蓿属，叶互生，有柄，小叶倒卵形或倒心脏形，先端圆形或凹入。春天由叶腋抽花梗，开黄色蝶形花。可供蔬食、饲料、肥料等用。

笋取鲜嫩者，以料物和薄面①，拖油煎，煿如黄金色②，甘脆可爱。旧游莫干③，访霍如庵正夫，延早供④。以笋切作方片，和白米煮粥，佳甚。因戏之曰⑤："此法制惜气也。"济颠《笋疏》云⑥"拖油盘内煿黄金，和米铛中煮白玉"，二者兼得之矣。霍北司，贵分也，乃甘山林之味，异哉！（《山家清供·煿金煮玉》）

【注释】

①料物：调味品。

②煿（bó）：煎炒或烤食物。

③旧游：旧时交往的朋友。莫干：莫干山，为天目山之余脉，位于今浙江省湖州市德清县境内。因春秋末年吴王阖闾派干将、莫邪在此铸成举世无双的雌雄双剑而得名。

④延：邀请。早供：早餐。

⑤戏：开玩笑。

⑥济颠：指宋代僧人道济，即济公。俗名李修缘，号湖隐，台州天台（今浙江省天台县）永宁村人。南宋高僧，后人尊称为"济公活佛"。

《本草》："秋后，其味胜羊。"道家羞为白脯^①，其骨可为獐骨酒。今作大脔^②，用盐、酒、香料淹少顷，取羊脂包裹，猛火炙熟，擘去脂^③，食其獐^④，麂同法^⑤。(《山家清供·炙獐》)

【注释】

①羞：即"馐"，精美的食物。白脯：淡干肉，呈乳白色。

②大脔（luán）：大块肉。

③擘（bò）：分开，剖裂。

④獐：哺乳动物，形状像鹿，毛较粗，头上无角。

⑤麂（jǐ）：哺乳动物的一种，像鹿，腿细而有力，善于跳跃，皮可制革。

姜薄切^①，葱细切，各以盐汤焯。和白糖、白面，庶不太辣^②。入香油少许，炸之^③，能去寒气。朱晦翁《论语注》云"姜通神明"^④，故名之。(《山家清供·通神饼》)

【注释】

①薄切：切成薄片。

②庶：希望。

③炸：煎炸。

④朱晦翁：指朱熹，字元晦，又字仲晦，号晦庵，晚称晦翁。姜通神明：朱熹《论语集注·乡党》注："姜通神明，去秽恶，故不撤。"

采白蓬嫩者，熟煮，细捣。和米粉，加以糖，蒸熟，以香为度。世之贵介^①，但知鹿茸^②、钟乳为重，而不知食此大有补益。讵不以山食而鄙之哉^③！闽中有草稗^④。又饭法：候饭沸，以蓬拌面煮，名蓬饭。(《山家清供·蓬糕》)

【注释】

①贵介：指尊贵、富贵者。

②鹿茸：雄鹿的嫩角没有长成硬骨时，带茸毛，含血液，叫作鹿茸。一种贵重的药材。

③讵(jù)：岂，怎么。鄙：轻视，看不起。

④闽中：指福建一带。

藕截细块，砂器内擦稍圆^①，用梅水同胭脂染色^②，调绿豆粉拌之，入鸡汁煮，宛如石榴子状^③。又用熟笋细丝，亦和以粉煮，名"银丝羹"。此二法恐相因而成之者，故并存^④。(《山家清供·石榴粉银丝羹附》)

【注释】

①砂器内擦稍圆：意为在砂器内擦磨成圆形。

②梅水：梅子汁。胭脂：红色系列的化妆用品。多涂抹于两颊、嘴唇，亦可用于绘画。

③宛如：好像；仿佛。

④并存：都记下来。

夏初，林笋盛时①，扫叶就竹边煨熟②，其味甚鲜，名曰"傍林鲜"。文与可守临川③，正与家人煨笋午饭，忽得东坡书，诗云："想见清贫馋太守，渭川千亩在胃中。"不觉喷饭满案④，想作此供也。大凡笋贵甘鲜⑤，不当与肉为友。今俗庖多杂以肉，不才有小人，便坏君子。"若对此君成大嚼，世间哪有扬州鹤"，东坡之意微矣⑥。(《山家清供·傍林鲜》)

【注释】

①盛时：正盛的时候。

②煨（wēi）：在带火的灰里烧熟东西或者用微火慢慢地煮。

③文与可：文同，字与可，号笑笑居士、笑笑先生，人称石室先生。北宋著名画家、诗人。

④不觉：不禁，不由得。

⑤大凡：大多数。甘鲜：甘甜鲜美。

⑥微：精妙。

夜炉书倦，每欲煨栗，必虑其烧毡之患①。一日马北鄜逢辰曰："只用一栗蘸油，一栗蘸水，置铁铫内②，以四十七栗密覆其上，用炭火燃之，候雷声为度。"偶一日同饮，试之果然，且胜于沙炒者，虽不及数，亦可矣。(《山家清供·雷公栗》)

【注释】

①烧毡之患：担心栗子受热后爆裂，引燃毛毡。典出五代

十国时期后蜀何光远《鉴戒录·容易格》：太祖旋令宫人于火炉中煨栗子，俄有数栗爆出，烧损绣褥子……太祖良久曰："栗爆烧毡破，猫跳触鼎翻。"

②铁铫：铁制的熬东西的器具。

钟爱"下水"的一群人

下水，是对动物内脏的统称，因其清理起来十分麻烦，且烹饪时手艺稍微差点儿，便去不掉其中的怪味，而让人望而却步。但是宋代厨师高超的烹饪技术却可以化腐朽为神奇，把动物内脏变成可口的佳肴。宋人喜欢吃下水大致有两个原因，一是宋代羊肉的缺乏，杀羊时不仅会把羊肉和羊皮留着，羊头、羊尾以及羊下水也会留着，《东京梦华录》中就罗列了许多东京开封府早市上由羊下水制成的小吃，如羊肚、羊肺、奶房、赤白腰子等。宋人吃下水还有一个重要原因是，在此之前，唐代的医药学家孙思邈提出了"以形补形""以脏补脏"的中医观点，所以古人认为吃动物内脏有益身体健康。不光是羊下水，随着猪肉成为南宋的主要肉食，关于猪下水的烹饪技巧也不断发展。宋代笔记《东京梦华录》和《武林旧事》中就记载了猪肚、猪脏、猪胰胡饼、肝脏夹子等由猪下水做成的美食。

宋代的养生书《奉亲养老书》中也有诸多以下水为原料的养生食谱。

及沿门歌叫熟食：熬肉、炙鸭、熬鹅、熟羊鸡鸭等类，及羊血、灌肺①、撺粉、科头、应于市食，就门供卖，可以应仓卒之需②。（《梦粱录·荤素从食店》）

【注释】

①灌肺：东京（今开封）市肆名菜，以猪肺（或羊肺）用核桃仁、松子仁、杏仁等多种配料灌制而成，清香浓郁，咸鲜可口，对肺虚咳喘、肠燥便秘者有一定的食疗功效。

②仓卒：亦作"仓猝"，匆忙，急迫。

梅家、鹿家鹅、鸭、鸡、兔、肚、肺、鳝鱼、包子、鸡皮、腰、肾、鸡碎①，每个不过十五文。曹家从食②。至朱雀门，旋煎羊白肠③、鲊脯④、燠冻鱼头、姜豉、剗子、抹脏⑤、红丝、批切羊头、辣脚子、姜辣萝卜。（《东京梦华录·州桥夜市》）

【注释】

①鸡碎：鸡肫肝脖等。

②从食：小食品，包括各种点心和小吃。

③羊白肠：用肥羊大肠灌注羊血，加羊油而成。

④鲊（zhǎ）脯：腌制的鱼干。

⑤抹脏：抹有调料的动物内脏。

补肝散：治失明漠漠方。

青羊肝一具，去上膜薄切之，以新瓦瓶子未用者净拭之，内肝于中，炭火上炙之令极干，汁尽，末之。决明子半升①。蓼子一合②，熬令香。上三味合治，下筛。以粥饮，食后服方寸匕③，日二，稍加至三匕，不过两剂。能一岁服之④，可夜读细书。(《奉亲养老书》)

【注释】

①决明子：中药名，是豆科植物决明或小决明的干燥成熟种子，以其有明目之功而名之。

②蓼(liǎo)子：蓼子草，别名半年粮、细叶一枝蓼、小莲蓬、猪蓼子草。一年生直立草本，有祛风解表、清热解毒的功效。

③方寸匕：古量具名，多用于量药。

④一岁：一年。

浪漫可爱的特殊食材

甜香曼妙花果食材

中国古人一直有以花为食的传统，食花在我国至少有两千多年的历史。这些花不仅作为装饰品，在宋人的手中，它们变成了一道道美味的食物。这些以花制成的食物不仅品相极高，而且味道也不差。《山家清供》中便记载了以梅花、菊花、百合、莲花、荼蘼等花为食材做成的各种美食。除花外，水果也是宋人常用的食材，宋代人吃水果，不仅将其做成果脯直接食用，也将其当成食材来烹制，如蟠桃饭、橙玉生、蟹酿橙、樱桃煎等。这些食物不仅美味而且具有药用功效，由于梨和橙子都具有醒酒的作用，所以橙玉生这道菜也不失为一种醒酒利器。

蟠桃饭

采山桃，用米泔煮熟^①，漉置水中^②，去核，候饭涌，同煮顷之③，如盦饭法④。东坡用石曼卿海州事诗云⑤："戏将桃核裹红泥，石间散掷如风雨。坐令空山作锦绣，绮天照海光无数。"此种桃法也。桃三李四⑥，能依此法，越三年皆可饭矣⑦。(《山家清供·蟠桃饭》)

【注释】

①米泔：淘米水。

②漉(lù)：水慢慢地渗下，过滤。

③顷之：片刻，一会儿。

④盦(ān)：覆盖，掩盖。

⑤石曼卿：石延年，北宋文学家、书法家。字曼卿，一字安仁。石曼卿尤工诗，善书法，著有《石曼卿诗集》传世。

⑥桃三李四：据说种桃树三年可以结果子，种李树四年可以结果子。

⑦越：过去。

梅花汤饼①

泉之紫帽山有高人②，尝作此供。初浸白梅③、檀香末水④，和面作馄饨皮，每一叠用五出铁凿如梅花样者⑤，凿取之。候煮熟，乃过于鸡清汁内⑥，每客止二百余花可想⑦。一食亦不忘梅。后留玉堂元刚有如诗⑧："恍如孤山下，飞玉浮西湖。"(《山家清供·梅花汤饼》)

①汤饼：本为水煮的面食。此指馄饨。

②泉：泉州。紫帽山：位于福建泉州的晋江市紫帽镇境内，因常有紫云覆盖，故名。

③白梅：白色梅花。

④檀香：香木名，木材极香，可制器物，亦可入药。

⑤五出：犹五瓣。铁凿：铁凿的模子。

⑥过：放入。

⑦止：只，仅仅。

⑧留玉堂：即留元刚，字茂潜，晚号云麓子，泉州晋江人。宁宗开禧元年试中博学宏词科，特赐同进士出身。有《云麓集》，已佚。

百合面

春秋仲月①，采百合根②，曝干③，捣筛，和面作汤饼，最益血气。又，蒸熟可以佐酒④。《岁时广记》⑤："二月种，法宜鸡粪。"《化书》⑥："山蚯化为百合，乃宜鸡粪。"岂物类之相感哉⑦。（《山家清供·百合面》）

【注释】

①仲月：指每季的第二个月，即农历二、五、八、十一月。

②百合：又名番韭、山丹、倒仙、中逢花、百合蒜、大师傅蒜、蒜脑薯、夜合花等，多年生草本球根植物，鳞茎含丰富

淀粉，可食，亦作药用。

③曝干：晒干。

④佐酒：就着菜肴把酒喝下去。

⑤《岁时广记》：是一部包罗南宋之前岁时节日资料的民间岁时记，全书共40卷，由陈元靓编撰。

⑥《化书》：道家著作，唐末五代人谭峭撰。共六卷，分道、术、德、仁、食、俭六化，一百一十篇。全书基本上发挥黄老列庄学说，秉承了传统道家思想，受列子自化、盗天等思想影响颇大。

⑦相感：相互感应。

蜜渍梅花

杨诚斋诗云①："瓮澄雪水酿春寒，蜜点梅花带露餐。句里略无烟火气，更教谁上少陵坛②。"剥白梅肉少许，浸雪水③，以梅花酿酝之，露一宿，取出，蜜渍之。可荐酒④。较之扫雪烹茶⑤，风味不殊也⑥。（《山家清供·蜜渍梅花》）

【注释】

①杨诚斋：指南宋诗人杨万里。此处所引其《蜜渍梅花》一诗。

②少陵：指杜甫。

③浸雪水：用雪水浸泡。

④荐酒：佐酒。荐，进献之意。

⑤扫雪烹茶：以雪烹茶被认为是文人的风雅之事。

⑥不殊：没有区别，一样。

金 饭

危巽斋云："梅以白为正①，菊以黄为正，过此②，恐渊明③、和靖二公不取④。"今世有七十二种菊，正如《本草》所谓"今无真牡丹，不可煎者"。

法⑤：采紫茎黄色正菊英，以甘草汤和盐少许焯过，候饭少熟，投之同煮。久食，可以明目延龄。苟得南阳甘谷水煎之⑥，尤佳也。

昔之爱菊者，莫如楚屈平⑦、晋陶潜，然孰知今之爱者，有石涧元茂焉，虽一行一坐⑧，未尝不在于菊。翻帙得《菊叶诗》云⑨："何年霜后黄花叶，色蠹犹存旧卷诗。曾是往来篱下读，一枝闲弄被风吹。"观此诗，不惟知其爱菊，其为人清介可知矣⑩。

（《山家清供·金饭》）

【注释】

①正：纯正、佳品。

②过此：除了这些。

③渊明：陶渊明，名潜，字渊明，又字元亮，自号"五柳先生"，私谥"靖节"，世称靖节先生，浔阳柴桑人。东晋末至南朝宋初期伟大的诗人、辞赋家。

④和靖：指林逋，字君复，后人称为和靖先生、林和靖，

北宋著名隐逸诗人。宋仁宗赐谥"和靖"。

⑤法：这里指食用方法。

⑥甘谷水：据《抱朴子》记载，南阳郦县山中，有甘谷水。之所以甘甜，是因为谷上左右长满了甘菊。菊花掉落其中，历世弥久，所以水的味道变得甘甜无比。附近的居民都喜饮甘谷水。

⑦楚屈平：战国时楚国大诗人、政治家屈原。

⑧一行一坐：指日常起居。

⑨帙：书、画的封套，用布帛制成。这里指书籍。

⑩清介：清正耿直。

梅　粥

扫落梅英①，捡净洗之，用雪水同上白米煮粥。候熟，入英同煮。杨诚斋诗曰②："才看腊后得春饶，愁见风前作雪飘。脱蕊收将熬粥吃，落英仍好当香烧。"（《山家清供·梅粥》）

【注释】

①落梅英：即落下来的梅花。

②杨诚斋诗：指杨万里《寒食梅粥》一诗。

樱桃煎

樱桃经雨①，则虫自内生，人莫之见②。用水一碗浸之，良久，其虫皆蛰蛰而出③，乃可食之。杨诚斋诗云④："何人弄好手，万颗捣尘脆。印成花钿薄，染作冰澌紫。北果非不多，此味良独美。"要之，其法不过煮以梅水，去核，捣印为饼，而加以白糖耳。

（《山家清供·樱桃煎》）

【注释】

①经雨：被雨淋过。

②莫之见：肉眼看不见。

③蛰（zhé）蛰：形容众多。

④杨诚斋：即杨万里。

橙玉生

雪梨大者①，去皮核，切如骰子大。后用大黄熟香橙②，去核，捣烂，加盐少许，同醋、酱拌匀供，可佐酒兴③。葛天民《尝北梨》诗云④："每到年头感物华，新尝梨到野人家。甘酸尚带中原味，肠断春风不见花。"虽非味梨，然每爱其寓物，有《黍离》之叹⑤，故及之。如咏雪梨，则无如张斗埜蕴"蔽身三寸褐，贮腹一团冰"之句⑥，被褐怀玉者⑦，盖有取焉。（《山家清供·橙玉生》）

【注释】

①雪梨：梨名。指梨肉白嫩如雪，故称。

②大黄熟香橙：个儿大的黄色熟透的香橙。

③佐：帮助。酒兴：饮酒的兴致。

④葛天民：字无怀，南宋诗人，越州山阴（浙江绍兴）人，徙台州黄岩（今属浙江）。

⑤《黍离》之叹：指对国家残破，今不如昔的哀叹。也指国破家亡之痛。出自《诗经·王风》，历来被视为悲悼故国的代表作。

⑥张斗埜（yě）：即张蕴，字仁溥，大约生活在南宋理宗时期（1225—1264）。

⑦被褐怀玉：身穿粗布衣服而怀抱美玉。比喻虽是贫寒出身，但有真才实学。被，通"披"；褐，泛指粗布衣服。典出《道德经》第七十章："知我者希，则我者贵，是以圣人被褐而怀玉。"

广寒糕

采桂英①，去青蒂②，洒以甘草水，和米舂粉③，炊作糕。大比岁④，士友咸作饼子相馈，取"广寒高甲"之谶⑤。又有采花略蒸，曝干作香者，吟边酒里，以古鼎燃之，尤有清意⑥。童用师禹诗云："胆瓶清气撩诗兴，古鼎余葩晕酒香。"可谓得此花之趣也。（《山家清供·广寒糕》）

【注释】

①桂英：桂花。

②蒂（dì）：花或瓜果跟枝茎相连的部分。

③舂（chōng）：把东西放在石臼或乳钵里捣掉皮壳或捣碎。

④大比岁：大比之年，举行乡试之年。

⑤广寒高甲：即"蟾宫折桂"，指科举高中之意。谶（chèn）：指将要应验的预言、预兆。

⑥清意：意境纯净。

大放异彩的调味料

宋代是我国调料的成熟期，宋朝的厨房调料已经和我们现代厨房中的配置差不多了。宋人不仅利用葱、姜、桂、胡椒等天然的调味料，还会加工盐、蜜、酒、醋、糖等人工调味料。我们现在生活中必不可少的调料酱油，就是宋代的发明。酱油是由酱发展而来，周朝就有制酱的记载，但我国有文献记载的"酱油"一词最早出现在宋人林洪的《山家清供》。酱油以大豆为原料，酿出红褐色的液体，和酱略有不同，有独特的酱香味。因为宋代调料的丰富，饮食市场上的菜肴也出现了甘、酸、苦、辛、咸、香、鲜、辣等不同的口味，而且不仅有多种单味菜肴，还有多种复合味菜肴。

研椒①、莳萝②、酱、茴香、马芹、杏仁各一文，阿魏少许，姜葱约度用之，同研烂，头醋调，滤滓淹半日，炙令黄色止③。（《事林广记·炙鸡鸭》）

【注释】

①椒：指椒目，气香，味微麻、辣。

②莳萝：又称土茴香。味道辛香甘甜，多用作食油调味，

有促进消化之效用。

③炙：烤。

生姜四两薄切煠过①，用猪脂烂剁②，炒过豉一斤③，取浓汁
两碗，马芹半两，椒子一钱④，先下肉与铫内炒，次下豉、姜、
橘皮，尾下马芹、椒，候炒干焙之，收取可食佳。（《事林广记·肉
咸豉》）

【注释】

①煠（zhá）：同"炸"。

②猪脂：猪油。

③豉：用煮熟的大豆或小麦发酵后制成。有咸、淡两种。
供调味用。

④椒子：即椒目。

梁蔡遵为吴兴守①，不饮郡井②。斋前自种白苋③、紫茄④，
以为常饵⑤。世之醉酸饱鲜而怠于事者视此⑥，得无愧乎！然茄、
苋性俱微冷，必加芼姜为佳耳⑦。（《山家清供·太守羹》）

【注释】

①蔡遵（467—523）：字景节，济阳郡考城县（今河南省民
权县）人，南朝齐、南朝梁大臣，南朝宋左光禄大夫、开府仪同
三司，蔡兴宗之子。吴兴：为湖州古称，三国置吴兴郡，包括
今湖州一带，取"吴国兴盛"之意。

②郡井：古代井田制，八家共用一井，引申为乡里。

③白苋：蔬类植物。别称皱果苋、绿苋、细苋、猪苋，叶片呈叶绿色或黄绿色，品种有高脚尖叶和矮脚圆叶等。

④紫茄：茄类的一种，又叫落苏，俗称矮瓜，外表为紫色，形状为椭圆形。

⑤饵：本指糕点，此处泛指食物。

⑥醉酸饱鲜：泛指美味佳肴。

⑦芼（mào）：拔。

焯笋、蕈①，同截，入松子、胡桃，和以油、酱、香料，搜面作馉子②。试蕈之法③：姜数片同煮，色不变，可食矣。（《山家清供·胜肉》）

【注释】

①蕈（xùn）：生长在树林里或草地上的某些高等菌类植物，伞状，种类很多，有的可食，有的有毒。

②馉子：类似馅儿饼一类的食物。

③试蕈之法：测试蕈是否有毒。

炒葱油，用纯滴醋和糖、酱作齑①，或加以豆腐及乳饼②，候面熟过水，作菌供食，真一补药也。食，须下热面汤一杯。（《山家清供·自爱淘》③）

①齑（jī）：细，碎。这里指醋、糖、油等拌成的调味汁。

②乳饼：乳制食品名。用山羊奶制成的质量最好。白色块状，酷似豆腐块。蘸白糖、椒盐生吃或者下油锅煎吃都很爽口。

③自爱淘：类似于今天的凉面。淘，以液汁拌和食品。

莴苣去叶、皮，寸切，瀹以沸汤①，捣姜、盐、糖、熟油、醋拌，渍之②，颇甘脆。杜甫种此③，旬不甲④，拆且叹⑤："君子脱微禄，坎轲不进，犹芝兰困荆杞。"以是知诗人非有口腹之奉，实有感而作也。（《山家清供·脆琅玕》）

【注释】

①瀹（yuè）：煮。

②渍：浸，沤。

③杜甫种此：其事见于杜甫《种莴苣》诗，中有"苣乎蔬之常，随事艺其子"等句。

④甲：萌芽。

⑤拆：拆掉。

世事缥缈中的食物存储

保鲜存储

　　宋代的食物贮藏保鲜技术较前代有了很大的提高，虽然没有冰箱，但宋代也有很多食物储藏保鲜的方法，如窖藏、冰藏、密封、灰藏、涂蜡等。窖藏法是最常见的方法，宋代人利用地窖来贮藏粮食、水果和蔬菜，已能达到保鲜的作用。除此之外宋人还会利用天然冰、腊雪或井水的低温性能来冷藏食物原料，这一方法普遍用来保存熟食品、鲜鱼和水果。每到寒冬腊月，宋人便会将河里的冰凿下来，运到专门存放冰块的地下冰窖里，等到夏天用来保鲜食物或制作冷饮。《吴郡志》记录了吴地人喜欢吃鱼，但是天气稍微热一点，鱼就容易腐烂，人们只能忍臭食之，但是随着以冰块储藏鱼这一方法的使用，鱼不容易腐坏，并且依靠其冷冻作用吴郡人还把鱼贩卖到了江东和金陵以西的地方。

收一切鲜果，用腊水同薄荷一握①、明矾少许②，入不津器浸之，色味俱美，一云只近水汽，不入水尤妙。

霜后，取沉水栗一斗③，用盐一勺④，调水浸栗，令没，经宿，漉起晾干，用竹篮或粗麻布袋挂背日少通风处，日摇动一二次。至来春，不损，不蛀，不坏。

红柿摘下未熟，每篮用木瓜两三枚放入，得气即发，并无涩味。

五月五日，以麦面煮粥，入盐少许。候冷，顷入瓮中，收鲜红色未熟桃纳满，外用纸密封口，至冬月如新⑤。

十二月，洗洁净瓶或小缸，盛腊水，遇时果出，用铜青末与果同入腊水内收贮，颜色不变如鲜。凡青梅、枇杷、林檎、小枣、葡萄、莲蓬、菱角、甜瓜、绿橙、橄榄、荸荠等果，皆可收藏。

拣完好橄榄⑥，用好锡打有盖瓶装满，纸封，放净地上，至六月尚好。

拣不损大梨，取不空心大萝蔔，插梨枝在内，纸裹，放暖处，至春深不坏⑦。带枝柑橘，亦同此法。（《格物粗谈·果品》）

【注释】

①腊水：即腊雪，冬至后立春前下的雪。薄荷：植物名。唇形科薄荷属，多年生宿根草本。其茎叶制成的薄荷油及薄荷脑，一般可为点心、糖果的调味料，并可作为祛风剂、芳香剂。

②明矾（fán）：由硫酸铝和其他元素的硫酸盐组合成的含水硫酸复盐。可用以纯化水质、硬化熟石膏等。现在国家已经

禁止其使用于食品添加剂。

　　③水栗（lì）：菱角。

　　④觔（jīn）：同"斤"。

　　⑤冬月：指农历十一月。

　　⑥拣：挑选。

　　⑦春深：春意浓郁。

　　十月后，用竹刀取欲开梅蕊①，上下蘸以蜡②，投蜜缶中。夏月③，以热汤就盏泡之，花即绽，澄香可爱也。（《山家清供·汤绽梅》）

【注释】

　　①竹刀：竹制的刀。

　　②上下：意为全部、通身。

　　③夏月：夏天。

干制存储

　　宋代的食物贮存方式，除了保鲜，还有干制存储。宋代人利用日晒或人工加热的方式，将食物中的水分去除，这样做不仅可以延缓食物变质腐烂的速度，而且由于食物中水分的流失，可以减少食物的重量和体积，便于贮存、运输。虽然这样做会造成食物的色泽和形状发生很大的变化，但是其营养成分一般不会有很大的流失，而且只要制作得当，干燥后的食物一般不会对人体健康产生危害。对食物进行干燥处理时可以直接将其晒干，也可以先腌好，再晒干。腌好再晒的食物更加美味而且也更容易保存。可以做干燥处理的食材有很多种，不只限于蔬菜和鱼肉类，宋人也十分喜欢将水果晒成果干，如荔枝干。

南人以鱼为鲊，有十年不坏者。其法以及盐面杂渍，盛之以瓮，瓮口周为水池，覆之以碗①，封之以水，水耗则续②。如是③，故不透风。鲊数年生白花，似损坏者。凡亲戚赠遗，悉用酒鲊，唯以老鲊为至爱。(《岭外代答》)

【注释】

①覆：遮盖，蒙。

②续：添，加。

③如是：如此这么；像这样。

餐饮业的黄金时代

大相国寺烧猪肉

　　大相国寺，原名建国寺，是中国著名的佛教寺院，始建于北齐天保六年（555）。唐代延和元年（712），唐睿宗因纪念其由相王登上皇位，赐名大相国寺。北宋时期，大相国寺深得皇家尊崇，多次扩建，是京城最大的寺院和全国佛教活动中心。大相国寺虽是寺院，但"每月五次开放万姓交易"，因此又是东京城最大的商业交易中心，完全融入滚滚红尘。大相国寺内还开设饭店，寺里僧人的厨艺也是非常高超，宋人孟元老的笔记体散记文《东京梦华录》中就记载了斋会时僧人制作斋饭的场面，即使三五百份也不在话下。在我们的一般印象中，僧人都是与肉绝缘的，但是宋人张舜民撰写的笔记小说《画墁录》中便记录了一则僧人烧猪肉的趣事。因为大相国寺中的僧人擅长烧猪肉，而被坊间称为"烧猪院"，最后改呼为"烧朱院"。

　　每遇斋会①，凡饮食茶果，动使器皿②，虽三五百分莫不咄嗟而辨③。（《东京梦华录·相国寺内万姓交易》）

【注释】

①斋会：禅寺在特定日期的集会。

②动使：日常应用的器具。

③分：通"份"。咄嗟而辨：只要你随便发个话，就能马上给你把事情办成。咄嗟，随便发出一个声音。辨，通"办"。

相国寺烧朱院旧日有僧惠明①，善庖②，炙猪肉尤佳③，一顿五觔④。杨大年与之往还⑤，多率同舍具飧⑥。一日，大年曰："尔为僧，远近皆呼'烧猪院'，安乎⑦？"惠明曰："奈何⑧？"大年曰："不若呼'烧朱院'也。"都人亦自此改呼。（《画墁录》）

【注释】

①旧日：从前。惠明：大相国寺的和尚惠明，厨艺高明，尤其擅长烧猪肉，以致得了一个"烧猪院"的花名。

②善庖：擅长做菜。善，擅长；庖，烹调。

③炙：烤。

④觔（jīn）：重量单位，"斤"的异体。

⑤杨大年：杨亿（974—1020），字大年，北宋文学家，西昆体诗歌主要作家。

⑥率：带领。具：同"俱"，一起。飧（sūn）：晚饭，亦泛指熟食、饭食。

⑦安：疑问词。

⑧奈何：怎么办。

《清明上河图》（局部） 北宋 张择端绘

《清明上河图》（局部）　北宋　张择端绘

《清明上河图》（局部） 北宋　张择端绘

熙来攘往的宋代夜市

　　并不是每个朝代都有夜生活的，中国社会真正意义上繁华的夜生活是从北宋开始的。虽然被称为盛世的盛唐也极尽繁华，但是盛唐的坊市制度和夜禁制度十分森严，商业区（市）与生活区（坊）是分开的，人们居住的地方不准开设商店、市场，如果想买东西只能到"市"里，但是因为夜禁制度，入了夜坊门就会关闭，所以普通市民几乎没有夜生活。北宋后期至南宋时期，市民的夜生活不再受限制，许多城市出现了繁华的夜市。有条马行街，由于彻夜燃烧烛油，熏得整条街巷连蚊子都不见一只。东京的夜市直到三更结束，五更便又始早市。宋代夜市经营的种类也非常多，不仅有昼夜迎客的酒楼茶坊，还有各种饮食小摊、面食店，叫卖各色美食，可谓灯火通明、笙歌不停、烟气漫卷。

　　出朱雀门，直至龙津桥。自州桥南去，当街水饭^①、燠肉^②、干脯。玉楼前獾儿、野狐肉、脯鸡^③。梅家、鹿家鹅、鸭、鸡、兔、肚、肺、鳝鱼、包子、鸡皮、腰、肾、鸡碎④，每个不过十五文。曹家从食⑤。至朱雀门，旋煎羊白肠⑥、鲊脯、爊冻鱼头、姜豉⑦、剿子⑧、抹脏、红丝、批切羊头、辣脚子、姜辣萝卜。夏月麻腐⑨、鸡皮麻饮⑩、细粉素签⑪、沙糖冰雪冷元子⑫、水晶皂儿⑬、生淹水木瓜、药木瓜、鸡头穰⑭、沙糖绿豆甘草冰雪凉水、荔枝膏⑮、广芥瓜儿⑯、咸菜、杏片、梅子姜、莴苣、笋、芥、辣瓜旋儿、细料馉饳儿⑰、香糖果子、间道糖荔枝⑱、越梅、镊刀紫苏膏、金丝党梅⑲、香橙元，皆用梅红匣儿盛贮，冬月盘兔、旋炙猪皮肉、野鸭肉、滴酥水晶绘、煎夹子、猪脏之类，直至龙津桥须脑子肉止⑳，谓之杂嚼，直至三更㉑。（《东京梦华录·州桥夜市》）

【注释】

①水饭：用开水泡热的米饭。

②爊（āo）肉：烤熟的肉。爊，把食物放在微火上煨熟。

③脯鸡：风干的鸡。

④鸡碎：应是"杂碎"。鸡的繁体字"鷄"与杂的繁体字"雜"形似而误。

⑤从食：小食品，包括各种点心和小吃。

⑥旋煎：即指现煎现卖。旋，立刻。

⑦姜豉：用生姜和豆豉做成的调料。

⑧剿子：剿通"牒"，指切得很薄的肉。

⑨麻腐：将芝麻酱与绿豆粉芡调成糊，熬制待凝结为豆腐之状。

⑩麻饮：热饮，制法与麻腐相近，芝麻略炒，磨烂加水，生绢过滤去渣，取汁煮熟，加入白糖。

⑪素签：将素菜用面皮或粉皮包裹成签筒状，或蒸食或烤食。

⑫元：即"丸"。古本因避宋钦宗赵桓之讳而将"丸"作"元"。

⑬水晶皂儿：取皂荚子仁煮过，以汤水浸食。

⑭鸡头穰：芡的果肉。鸡头，即芡，水生植物，可食用，可入药。穰，通"瓤"，果实的肉。

⑮荔枝膏：以荔枝、乌梅加砂糖、麝香、生姜汁等调制的饮品，有生津解渴、去除烦闷之效。

⑯广芥瓜儿：疑为从芥中提取汁水，浇腌于各种瓜上。

⑰馉（gǔ）饳（duò）：读音跟"骨朵"类似，一种带馅儿食品，类似于水饺、馄饨。

⑱间道糖荔枝：用杂色糖腌渍的荔枝。

⑲金丝：用蜜饯、糖汁等调制成金丝之状的饴糖。

⑳须：片刻，须臾。此处亦有汤煮之意。意同今日之涮火锅。

㉑三更：第三更，夜里十一点至凌晨一点。

杭城大街①，买卖昼夜不绝，夜交三四鼓②，游人始稀③；五鼓钟鸣，卖早市者又开店矣……又有夜市物件，中瓦前车子卖香茶异汤，狮子巷口煎耍鱼，罐煨鸡丝粉，七宝科头，中瓦子武林园前煎白肠、炰肠，灌肺岭卖轻饧，五间楼前卖余甘子④、新荔枝，木檐市西坊卖焦酸馅⑤、千层儿，又有沿街头盘叫卖姜豉、膘皮脿子、炙椒、酸犯儿、羊脂韭饼⑥、糟羊蹄⑦、糟蟹，又有担架子卖香辣灌肺⑧、香辣素粉羹、腊肉、细粉科头⑨、姜虾、海蛰鲊、清汁田螺羹、羊血汤、胡甀、海蛰、螺头甀、馉饳儿、甀面等，各有叫声。大街更有夜市卖卦⑩：蒋星堂、玉莲相、花字青、霄三命、玉壶五星、草窗五星、沈南天五星、简堂石鼓、野庵五星、泰来心、鉴三命。中瓦子浮铺有西山神女卖卦，灌肺岭曹德明易课。又有盘街卖卦人，如心鉴及甘罗次、北算子者。更有叫"时运来时，买庄田，取老婆"卖卦者。有在新街融和坊卖卦，名"桃花三月放"者。其余桥道坊巷，亦有夜市扑卖果子糖等物⑪，亦有卖卦人盘街叫卖，如顶盘担架卖市食，至三更不绝。冬月虽大雨雪，亦有夜市盘卖。至三更后，方有提瓶卖茶。冬间，担架子卖茶、馓子⑫、慈茶始过。盖都人公私营干⑬，深夜方归故也⑭。（《梦粱录·夜市》）

【注释】

①杭城：今杭州。

②三四鼓：三四更。夜里十一点到凌晨三点。

③稀：少。

④余甘子：指橄榄。

⑤酸馅：以蔬菜为馅儿的包子。马致远《荐福碑·第二折》："闲便来寺里吃酸馅来。"

⑥羊脂韭饼：一种馅儿饼，将肥瘦猪肉臊子混合新鲜的春韭剁碎，加入一块肥腻的羊脂。

⑦糟羊蹄：羊蹄腌后用酒糟渍之，再经烹烧而成。

⑧灌肺：猪肺或羊肺，用核桃仁、松子仁、杏仁等多种配料灌制而成。

⑨细粉科头：以淀粉为原料制成的一种食品名。

⑩卖卦：指为人占卜谋生或对自己所出售的东西一边卖一边夸赞。

⑪扑卖：宋元间盛行的一种赌博方式，其玩法是以钱为赌具，利用钱的正反面来判定输赢，负者失去本钱，胜者赢得物品。小贩多用以招揽生意。

⑫馓（sǎn）子：一种油炸的食品，古时环钏形，现在细如面条，呈栅状。

⑬都人：京都的人。营干：经营。

⑭方：才。

夜市直至三更尽，才五更又复开张①。如要闹去处，通晓不绝②。寻常四梢远静去处，夜市亦有焦酸鎌③、猪胰、胡饼和菜饼、獾儿、野狐肉、果木翘羹、灌肠、香糖果子之类。冬月虽大风雪阴雨，亦有夜市：剥子、姜豉、抹脏、红丝、水晶脍④、煎肝脏、蛤蜊、螃蟹、胡桃、泽州饧⑤、奇豆、鹅梨⑥、石榴、查子⑦、榅桲⑧、糍糕⑨、团子、盐豉汤之类。至三更，方有提瓶卖茶者。

盖都人公私荣干，夜深方归也。（《东京梦华录·马行街铺席》）

【注释】

①五更：特指第五更，三点至五点。

②通晓：从晚上到天亮，彻夜。《三国志》卷六十四《吴书·滕胤传》："胤白日接宾客，夜省文书，或通晓不寐。"

③燋：同"煎"，只用急火煎煮。酸䜴：用酸菜做馅儿的包子之类的食品。

④水晶脍：一种用鱼肉烹制出来的鱼肉冻。

⑤泽州饧：产于泽州的一种饴糖。饧，饴糖的一种。

⑥鹅梨：梨之一种，呈球形或倒卵形，表皮多为赤褐色、杂有小斑点，或为青白色，皮薄多浆，清脆可口，香味浓郁。

⑦查子：楂子，圆形，色微黄，可食，甚酸。可用以代醋或酿酒。

⑧榅（wēn）桲（pó）：略似大的黄色苹果，不同的是每一心皮有许多种子，果肉酸；其种子含胶质，可做胶水。

⑨糍糕：糍粑的一种。

天下苦蚊蚋①，京城独马行街无蚊蚋②。马行街者，都城之夜市酒楼极繁盛处也。蚊蚋恶油③，而马行人物嘈杂，灯光照天，每至四更鼓罢④，故永绝蚊蚋⑤。（《铁围山丛谈》）

【注释】

①苦：为某种事所苦。蚊蚋（ruì）：蚊子。

②独：只有。马行街：位于东京汴梁，即今河南开封。

③恶（wù）：讨厌。

④罢：结束。

⑤绝：没有。

夜市除大内前外，诸处亦然①，惟中瓦前最胜②，扑卖奇巧器皿百色物件，与日间无异③。其余坊巷市井，买卖关扑④，酒楼歌馆，直至四鼓后方静⑤，而五鼓朝马将动⑥，其有趁卖早市者，复起开门⑦。无论四时皆然⑧。（《都城纪胜·市井》）

【注释】

①诸处：别的地方。

②惟：只有。

③异：不同。

④关扑：以商品为诱饵赌掷财物的博戏。

⑤四鼓：报更的鼓声敲了四次，古代一个更次敲一次鼓。四更即后半夜一点到三点。

⑥五鼓：即五更，三点到五点。

⑦复：又。

⑧四时：一年四季。

宋人也吃大排档

　　所谓大排档，就是聚成堆的小吃摊，一溜排开去。这些小吃摊大都比较简易，餐桌或搭在塑料棚里，或直接露天摆放，桌上配有调料和一次性碗筷，客人点菜用餐都十分方便，这些大排档在现在的中国随处可见。当然大排档并不是现代才有，早在宋代，街边便流行起了大排档，只是当时称之为"食店"。这些食店大都分布在汴河岸边、码头与路边，从建筑与设施看，这些食店都比较简陋，一排排低矮的瓦房，瓦房的墙体被打通，通常只以柱子承重，店内摆开几张普普通通的桌椅。为了增加经营面积，有些食店还搭建接檐，使用遮阳伞。有些食店会在大门口装饰彩旗、市招，或在内部挂些名画以招揽食客。这些食店虽然看起来并不豪华，但是价格实惠，方便快捷，菜式也丰富多样，满足了在汴河边讨生活的脚夫、船夫、纤夫、车夫、小商贩以及游民等城市中下层人口腹之需。

　　都城食店，多是旧京师人开张，如羊饭店兼卖酒。凡点索食次，大要及时：如欲速饱，则前重后轻；如欲迟饱，则前轻后重（重者如头羹^①、石髓饭^②、大骨饭、泡饭、软羊、浙米饭；轻者如煎事件^③、托胎、奶房^④、肚尖、肚胘^⑤、腰子之类）。南食店谓之南食，川饭分茶。盖因京师开此店，以备南人不服北食者，今既在南，则其名误矣，所以专卖面食鱼肉之属，如（铺羊面、盦生面^⑥、姜拨刀^⑦、盐煎面、鳝鱼桐皮面^⑧、抹肉淘^⑨、肉齑淘、棋子^⑩、虾燥子面、带汁煎）下至（扑刀鸡鹅面、家常三刀面），皆是也。若欲索供，逐店自有单子牌面。饱饦店专卖（大燠^⑪、燥子饦饦并馄饨^⑫）。菜面店专卖（菜面、齑淘、血脏面、素棋子、经带，或有拨刀、冷淘^⑬），此处不甚尊贵，非待客之所。素食店卖（素签^⑭、头羹、面食、乳茧、河鲲、脯炜、元鱼^⑮），凡麸笋乳蕈饮食^⑯，充斋素筵会之备。衢州饭店又谓之囥饭店，盖卖城盦饭也。专卖家常（虾鱼、粉羹、鱼面、蝴蝶之属^⑰），欲求粗饱者可往，唯不宜尊贵人。（《都城纪胜·食店》）

【注释】

①头羹：一种类似杂烩的食品。

②石髓：即石钟乳。古人用于服食，也可入药。

③事件：家禽家畜的内脏。

④奶房：一种乳制品。

⑤肚胘（xián）：牛肚，牛胃。

⑥盦：古代盛食物的器皿。一说指覆盖。

⑦拨刀：指用刀拨制而成的面。

⑧鲚鱼：即鳜鱼。

⑨淘：指以汁液或水拌和食品。

⑩棋子：状如棋子的食品。

⑪燠：腌藏食品的一种方法。将肉类在油中熬熟，拌以盐和作料，油渍在瓮中，以备取食。

⑫馉饳：一种面食，似面疙瘩。

⑬冷淘：凉面、凉粉之类食品。

⑭素签：将素菜用面皮或粉皮包裹成签筒状，或蒸食或烤食。

⑮河鲲、元鱼：皆是用面做成荤菜的形状。

⑯麸笋：一种素菜，即烤麸春笋。乳蕈：一种菌，疑即松乳菇。

⑰蝴蝶：即蝴蝶面，指将面做成蝴蝶形状。

市食点心，凉暖之月，大概多卖（猪羊鸡煎炸、㻓划子①、四色馒头、灌脯、灌肠、红燠姜豉、蹄子肘件之属）。夜间顶盘挑架者，如（鹌鹑馉饳儿②、焦䭔③、羊脂韭饼、饼馇、春饼、旋饼、馂沙团子、宜利少、献糍糕、炙犯子之类）。遍路歌叫，都人固自为常，若远方僻土之人乍见之，则以为稀遇。其余店铺夜市不可细数，如猪胰胡饼④，自中兴以来只东京脏三家一分，每夜在太平坊巷口，近来又或有效之者。大抵都下买物，多趋有名之家，如昔时之内前卞家从食，街市王宣旋饼，望仙桥糕糜是也⑤。如酪面⑥，亦只后市街卖酥贺家一分，每个五百贯，以新样油饼两枚夹而食之，此北食也。其余诸行百户亦如此。市食有名存而实亡者，如瓠羹是也⑦；亦有名亡而实存者，如瓮羹⑧，今号蔬面是也；又有误名之者，如呼熟肉为白肉是也，盖白肉别是砧压去油者。

又有专卖小儿戏剧糖果，如打娇惜⑨、虾须、糖宜娘⑩、打秋千、稠饧之类⑪。(《都城纪胜·食店》)

【注释】

①㹠划子：一种肉食。

②馉饳儿：一种带馅儿油炸的面食。一说即馄饨。

③焦䭔(duī)：一种薄饼，元宵节令食品。

④胰：夹脊肉。又《本草纲目》云："猪胰一名肾脂，生两肾中间，似脂非脂，似肉非肉。"胡饼：胡人的烧饼，即馕。

⑤糕糜：一种面食。

⑥酪面：疑即乳酪。

⑦瓠羹：即瓠叶羹，用瓠叶等煮成的浓汁食品。

⑧瓮羹：一种面食。

⑨打娇惜：一种儿童玩具，类似于今天的陀螺。娇惜，宋时女子常用名。

⑩宜娘：相传为北宋名将杨文广之妹，乃杨门女将。

⑪稠饧：一种厚的饴糖。

又有专卖家常饭食，如撺肉羹、骨头羹、蹄子清羹、鱼辣羹、鸡羹、耍鱼辣羹、猪大骨清羹、杂合羹、南北羹、兼卖蝴蝶面、煎肉、大熬虾蟆等蝴蝶面，及有煎肉、煎肝、冻鱼、冻鲞①、冻肉、煎鸭子、煎鯚鱼、醋鲞等下饭。更有专卖血脏面、齑肉菜面②、笋淘面、素骨头面、麸笋素羹饭。又有卖菜羹饭店，兼卖煎豆腐、煎鱼、煎鲞、烧菜、煎茄子，此等店肆乃下等人求食粗饱③，往而市之矣。(《梦梁录·面食店》)

【注释】

①鲞(xiǎng)：剖开晾干的鱼；腌鱼。

②齑(jī)：细，碎。

③店肆：商店。

别出心裁的餐饮业广告

宋代的广告业非常发达，其广告形式也十分丰富。除了各家商店门口设置的招牌、横匾、竖标，宋代的许多店铺装饰也具有宣传作用。东京城里的豪华酒店都有很抢眼的装饰性广告——欢门。在东京大街上，如果面前是高耸的彩楼欢门，那就是到了酒楼饭店。这些豪华酒楼到晚上还会在门口的方柱标牌的箱内点上蜡烛，使招牌即使在晚上也清晰可见，类似于现在的"灯箱广告"。至于店内的装饰，宋代许多茶肆、食店都会在店内挂一些名画来装饰店面，这样不仅美观，还可以吸引顾客，使客人经常光顾。那些没有固定摊位的小贩，虽然没有门店，无法立招牌，但是其也通过叫卖的方式，来进行自我宣传，吸引顾客。这些小贩走街串巷，叫卖吆喝，使客人得以闻声购买。

凡京师酒店，门首皆缚彩楼欢门①……九桥门街市酒店，彩楼相对，绣旆相招②，掩翳天日③。（《东京梦华录·酒楼》）

【注释】

①彩楼欢门：宋代酒店流行的店面装饰，即在店门口用彩帛、彩纸等所扎的门楼。

②绣旆（pèi）：刺绣的旌旗。旆，古代旗末端状如燕尾的垂旒，也泛指旌旗。

③掩翳（yì）：遮蔽。

店门首彩画欢门①，设红绿杈子②，绯绿帘幕，贴金红纱栀子灯③，装饰厅院廊庑④，花木森茂⑤，酒座潇洒……如酒肆门首，排设杈子及栀子灯等⑥，盖因五代时郭高祖游幸汴京⑦，茶楼酒肆俱如此装饰，故至今店家仿效成俗也。（《梦粱录·酒肆》）

【注释】

①门首：门口，门前。

②杈子：置于官府宦宅前阻拦人马通行的木架。古称行马。

③栀子灯：照明用品，古代酒店门口挂着栀子灯，代表里面有娼妓服务。

④廊（láng）庑（wǔ）：堂前东西两侧的厢房。

⑤森茂：树木繁密茂盛。

⑥排设：铺设、布置。

⑦游幸：指帝王出游。

其门首，以枋木及花样沓结缚如山棚①，上挂半边猪羊，一

带近里门面窗牖②，皆朱绿五彩装饰，谓之"欢门"。(《梦粱录·面食店》)

【注释】

①山棚：彩绘的牌楼。

②窗牖（yǒu）：窗户。

汴京熟食店，张挂名画，所以勾引观者①，留连食客②。今杭城茶肆亦如此，插四时花，挂名人画，装点门面……今之茶肆，列花架，安顿奇松异桧等物于其上③，装饰店面，敲打响盏歌卖④。(《梦粱录·茶肆》)

【注释】

①勾引：吸引。

②留连：挽留。

③桧（guì）：常绿乔木，即圆柏。

④歌卖：唱着招揽生意。

示秬秸

张　耒①

城头月落霜如雪，楼头五更声欲绝②。

捧盘出户歌一声，市楼东西人未行。

北风吹衣射我饼，不忧衣单忧饼冷。

业无高卑志当坚，男儿有求安得闲③。

【注释】

①张耒（1054—1114）：字文潜，号柯山，亳州谯县（今安徽省亳州市）人。北宋大臣、文学家，人称宛丘先生、张右史。

②欲绝：指更声将尽。

③有求：指要求自己。

夜行船·曲水溅裙三月二

王 嵎①

曲水溅裙三月二②。马如龙、钿车如水③。风飏游丝④，日烘晴昼，人共海棠俱醉。　　客里光阴难可意⑤。扫芳尘、旧游谁记。午梦醒来，小窗人静，春在卖花声里。

【注释】

①王嵎（？—1182）：宋代北海人，寓居吴兴，字季夷。

②溅裙：古俗元日至月底，士女洗衣裙于水边，被除不祥，也称"湔裳""湔裙""湔衫"。宋时常于清明、上巳溅裙。

③钿车：饰以金花之车。

④风飏：扬，飞扬。

⑤可意：如意，合意。

夜坐有感

范成大①

静夜家家闭户眠，满城风雨骤寒天。

号呼卖卜谁家子②，想欠明朝籴米钱③。

【注释】

①范成大（1126—1193）：字至能，一字幼元，早年自号此山居士，晚号石湖居士。平江府吴县（今江苏省苏州市）人。南宋名臣、文学家。

②号（háo）呼：拉长声音叫。

③籴（dí）：买粮。

客官，您的外卖到了

　　外卖并非现代产物，其实从古代就存在着。餐饮行业如此发达的宋代怎么能少得了外卖。宋朝开封的食店就已经开始提供快餐、外卖服务了。《清明上河图》中，便暗藏了一个提着食盒不知正往谁家送外卖的饭店伙计。虽然古代没有手机不似现在订餐那么方便，但是酒楼老板也有自己的方法，每天到了吃饭的时间各家店铺的小二便会走街串巷地吆喝，如有想吃的菜品就告知小二，小二将菜品和地址记录下来，然后他会回酒楼告诉大厨。等做好菜肴后，小二再送到客人家中，客人再当面支付饭钱。宋代的小商贩都不习惯在家吃饭，忙碌了一天的他们大多会选择去店里点现成的食物。就连宋代的皇帝也是外卖的资深爱好者，宋孝宗在隆兴年间的一次观灯节后，便叫了夜市上的外卖送进宫去，甚至还多给了一贯钱作为"小费"。

处处各有茶坊、酒肆、面店、果子、彩帛①、绒线②、香烛③、油酱、食米、下饭鱼肉鲞腊等铺④。盖经纪市井之家⑤，往往多于店舍⑥，旋买见成饮食⑦，此为快便耳⑧。(《梦粱录·铺席》)

【注释】

①彩帛：彩色丝绸。

②绒线：一种刺绣所用的线。

③香烛：祀神供佛所用的香与蜡烛。

④鲞腊：腌制或风干的鱼肉食品。《梦粱录·江海船舰》："明越温台海鲜鱼蟹鲞腊等类，亦上潭通于江浙。"

⑤经纪市井：指商人。经纪，生意，做生意；市井，指商贾。

⑥店舍：旅店。

⑦旋：临时。见成：现成。

⑧快便：方便，便利。

处处拥门①，各有茶坊酒店，勾肆饮食②。市井经纪之家往往只于市店旋买饮食，不置家蔬③。(《东京梦华录·马行街铺席》)

【注释】

①拥门：门庭若市，拥挤不堪。

②勾肆：宋时艺人献艺的场所。

③家蔬：家种的菜。亦指自家烹制的菜。

隆兴间①，德寿宫与六宫并于中瓦相对②，令修内司染坊③，设著位观，孝宗冬月正月孟享回④，且就看灯买市⑤。帘前堆垛见钱数万贯⑥，宣押市食歌叫直一贯者⑦，犒之二贯⑧。时尚有京师流寓经纪人⑨，如李婆婆鱼羹、南瓦张家圆子之类。(《癸辛杂识·德寿买市》)

【注释】

①隆兴：宋孝宗赵昚(shèn)的年号(1163—1164)。

②德寿宫：德寿宫原先是宋高宗钦赐给秦桧的大宅，并有高宗亲笔题额"一德格天之隔"，因有望气之人称"有王气"，待秦桧亡故后就收归官有，改筑新宫。1162年，宋高宗移居新宫，并改名"德寿宫"。六宫：古代后妃所住的地方。

③内司：宋代内侍省所属内东门司、合同凭由司、军头引见司等的统称。

④孝宗：赵昚，初名伯琮，后改名玮，赐名玮，字元永，秀州(今浙江嘉兴)人，宋太祖赵匡胤七世孙、宋高宗赵构养子。宋朝第十一位皇帝、南宋第二位皇帝。后世普遍认为赵昚是南宋最有作为的皇帝。冬月：指农历十一月。正月：农历每年的第一个月。孟享：亦作"孟飨"，帝王宗庙祭礼。

⑤买市：古时官府或豪富设立临时集市，招徕小经纪人，并给予赏赐，而使市场繁荣兴旺。

⑥堆垛：堆积，堆砌。

⑦市食：商店出售的食物，这里指买食物。直：通"值"。

⑧犒（kào）：慰劳，犒劳。

⑨流寓：指流落他乡居住的人。经纪人：做买卖的商人。

早餐喝"药"的宋代人

　　宋代人的饮食观念在早餐上和我们今天有些相似。就像我们今天早晨喝牛奶、豆浆一样，宋代市民早晨也喜欢喝一些汤汤水水，其中最普遍的便是"煎点汤茶药"。在早市上，煎点汤茶药的叫卖声此起彼伏，卖煎点汤茶药的店家几乎遍地都是，虽然名中带"药"，但它其实是一种保健茶。宋代人认为茶就是药的一种，煎点汤茶药是用茶叶和绿豆、麝香等原料加工而成的，其制作过程好似煎药。宋代开封的早市可谓是汤锅林立、烟雾缭绕、飘香不断。早市上卖的早餐除了煎点汤茶药，还有"灌肺"、"炒肺"、粥饭之类的早点。甚至还有店家卖洗脸漱口的水，这在今天看起来会觉得很不可思议，但在宋代，那些寻常家里不开灶更不想点灶烧水的人，就会经常去这些摊档上洗脸、漱口，洗漱之后直接在早市里吃一份美美的早餐，开启一天忙碌的生活。

　　每日交五更，诸寺院行者打铁牌子①，或木鱼，循门报晓，亦各分地分，日间求化②。诸趋朝入市之人，闻此而起。诸门桥市井已开，如瓠羹店门首坐一小儿③，叫"饶骨头"，间有灌肺及炒肺。酒店多点灯烛沽卖④，每分不过二十文，并粥饭点心。亦间或有卖洗面水，煎点汤茶药者⑤，直至天明。其杀猪羊作坊，每人担猪羊及车子上市，动即百数。如果木亦集于朱雀门外及州桥之西，谓之果子行。纸画儿亦在彼处，行贩不绝⑥。其卖麦面，每秤作一布袋⑦，谓之"一宛"，或三五秤作一宛，用太平车或驴马驮之⑧，从城外守门入城货卖，至天明不绝。更有御街州桥至南内前⑨，趁朝卖梦药及饮食者，吟叫百端⑩。(《东京梦华录·天晓诸人入市》)

【注释】

①行者：佛寺中服杂役而未剃发出家者的通称。铁牌子：铁制的作标志用的特制薄板。

②求化：募化。指和尚或道士等求人施舍财物。

③瓠羹：用瓠叶等煮成的浓汁食品。

④沽（gū）卖：出售，多指售酒。

⑤煎点汤茶药：指以茶叶和绿豆、麝香或其他养生食材药材为原料，冲泡而成的饮品。

⑥行贩：往来贩卖货物。

⑦秤：古量词，即十五斤。

⑧太平车：宋代东京搬载用的车辆。

⑨南内：大内南面，即皇宫南面。

⑩百端：多种、多样。

遍地的豪华酒楼

除了夜市与大排档，宋代还有十分"高大上"的酒楼，这些酒楼从里到外、从菜品到餐具无不体现出气派与奢华。这些酒楼装修十分气派，服务也极其周到，成为达官显贵、富家子弟经常出入的场所。一些酒楼还经常举办大型宴会，如仁和酒店和会仙楼常年准备有100份以上举行大型宴会所需要的全套碗碟。这众多酒楼中最著名的当数一天可接待一千多名客人的樊楼，它是宣和年间规模最大、最著名的酒楼，一般的酒楼只有二层，但是樊楼却有三层，因为樊楼太高，以至于登上顶楼，便可以看到皇宫内的景象。这些酒楼的菜肴都极其精细名贵，当用来迎接高级官员时，还会配备京中第一等的厨师。至于店里面没有的东西，还可以临时差人到店外去买。在店内即便客人点的只是一些素菜或者水果，也都精致卫生，而且单是盛菜用的碗碟的市场价都要几百两。

如州东仁和店、新门里会仙楼正店①，常有百十分厅馆动使②，各各足备③，不尚少阙一件④。大抵都人风俗奢侈⑤，度量稍宽⑥，凡酒店中不问何人，止两人对坐饮酒，亦须用注碗一副⑦，盘盏两副⑧，果菜碟各五片，水菜碗三五只⑨，即银近百两矣。虽一人独饮，碗遂亦用银盂之类⑩。其果子菜蔬，无非精洁⑪。若别要下酒，即使人外买软羊、龟背、大小骨、诸色包子、玉板鲊⑫、生削巴子⑬、瓜姜之类。（《东京梦华录·会仙酒楼》）

【注释】

①新门：在旧京城南城墙朱雀门西侧。

②动使：日常用的器具。

③各各：个个，每一个。足备：齐备。

④不尚：不允许。阙：通"缺"。

⑤大抵：大概、大致。都人：京都的人。

⑥度量：限度。

⑦注碗：温酒具，与注子（金属或瓷酒器）配套使用。

⑧盘盏：带有底盘的一种饮器。

⑨水菜：新鲜蔬菜。

⑩盂：一种盛液体的器皿。

⑪精洁：精致清洁。

⑫玉板鲊（zhǎ）：亦作"玉版鲊"，用鳢、鲟制成的鱼干。

⑬巴子：肉片。

凡京师酒店^①，门首皆缚彩楼欢门^②，唯任店入其门，一直主廊约百余步，南北天井两廊皆小阁子^③。向晚^④，灯烛荧煌^⑤，上下相照，浓妆妓女数百，聚于主廊槏面上^⑥，以待酒客呼唤，望之宛若神仙^⑦。北去杨楼，以北穿马行街，东西两巷，谓之大小货行，皆工作伎巧所居^⑧。小货行通鸡儿巷妓馆，大货行通笺纸店^⑨。白矾楼后改为丰乐楼^⑩，宣和间更修三层相高，五楼相向，各有飞桥栏槛^⑪，明暗相通，珠帘绣额^⑫，灯烛晃耀^⑬。初开数日，每先到者赏金旗，过一两夜则已。元夜则每一瓦陇中皆置莲灯一盏^⑭。内西楼后来禁人登眺^⑮，以第一层下视禁中。大抵诸酒肆瓦市，不以风雨寒暑，白昼通夜，骈阗如此^⑯。州东宋门外仁和店^⑰、姜店，州西宜城楼、药张四店、班楼，金梁桥下刘楼，曹门蛮王家、乳酪张家，州北八仙楼，戴楼门张八家园宅正店，郑门河王家、李七家正店，景灵宫东墙长庆楼。在京正店七十户^⑱，此外不能遍数，其余皆谓之"脚店"^⑲。卖贵细下酒^⑳、迎接中贵饮食^㉑，则第一白厨，州西安州巷张秀，以次保康门李庆家，东鸡儿巷郭厨，郑皇后宅后宋厨，曹门砖筒李家，寺东骰子李家，黄胖家。九桥门街市酒店，彩楼相对，绣旆相招^㉒，掩翳天日^㉓。政和后来，景灵宫东墙下长庆楼尤盛。（《东京梦华录·酒楼》）

【注释】

①京师：首都。

②彩楼欢门：宋代酒店流行的店面装饰，即在店门口用彩

帛、彩纸等所扎的门楼。

③廊：室外有顶的过道。阁子：酒店里的包间。

④向晚：临近晚上的时候。

⑤荧煌：明亮辉煌貌。

⑥槏（qiǎn）面：即走廊两侧靠墙的显著位置。槏，窗户两边的柱子。

⑦宛若：宛如，仿佛。

⑧工作：本指土木营造之事，此指从事建筑营造的手工业者。伎巧：此指各种手工艺人。

⑨笺纸：精美的文书用纸。

⑩白矾楼：即宋代笔记和后来的戏曲小说中常提到的樊楼。

⑪栏槛：又作栏杆。是桥梁和建筑上的安全设施，在使用中起分隔、导向的作用，使被分割区域边界明确清晰，且很具装饰意义。

⑫绣额：刺绣的门额。额，悬于门屏之上的牌匾。

⑬晃耀：光彩焕发。

⑭瓦陇：屋顶上用瓦铺成的凹凸相间的行列。

⑮登眺：登高远望。

⑯骈（pián）阗（tián）：聚集在一起。

⑰仁和店：汴京外城中一处著名的酒楼。

⑱正店：酒店。

⑲脚店：兼卖酒食的小酒店。

⑳贵细下酒：名贵精细的下酒菜肴。

㉑中贵：即中官、宦官。古代泛指皇帝宠爱的近臣。

㉒绣斾（pèi）：刺绣的旌旗。

㉓掩翳（yì）：遮蔽。

和乐楼（升旸官南库）、和丰楼（武林园南上库）、中和楼（银瓮子中库）、春风楼（北库）、太和楼（东库）、西楼（金文西库）、太平楼、丰乐楼、南外库、北外库、西溪库。

已上井官库，属户部点检所①。每库设官妓数十人②，各有金银酒器千两，以供饮客之用。每库有祗直者数人③，名曰"下番"④。饮客登楼，则以名牌点唤侑樽⑤，谓之"点花牌"⑥。元夕⑦，诸妓皆并番互移他库。夜卖，各戴杏花冠儿，危坐花架⑧。然名娼肯深藏邃阁⑨，未易招呼。凡肴核杯盘⑩，亦各随意携至库中，初无庖人。官中趁课⑪，初不藉此，聊以粉饰太平耳。往往昔学舍士夫所据，外人未易登也。

熙春楼、三元楼、五间楼、赏心楼、严厨、花月楼、银马杓、康沈店、翁厨、任厨、陈厨、周厨、巧张、日新楼、沈厨、郑厨（只卖好食，虽海鲜、头羹皆有之）、虵蟆眼（只卖好酒）、张花。

已上肯市楼之表表者，每楼各分小阁十余，酒器悉用银，以竞华侈⑫。每处各有私名妓数十辈，皆时妆衱服⑬，巧笑争妍⑭，夏月茉莉盈头⑮，春满绮陌⑯，凭槛招邀⑰，谓之"卖客"；又有小鬟⑱，不呼自至，歌吟强聒⑲，以求支分⑳，谓之"擦坐"㉑；

又有吹箫、弹阮㉒、息气㉓、锣板、歌唱、散耍等人㉔，谓之"赶趁"㉕。及有老妪㉖，以小炉炷香为供者，谓之"香婆"㉗；有以法制青皮㉘、杏仁、半夏㉙、缩砂㉚、豆蔻㉛、小蜡茶㉜、香药㉝、韵姜、砌香、橄榄、薄荷，至酒阁分俵㉞，得钱，谓之"撒暂"：又有卖玉面狸、鹿肉、糟决明㉟、糟蟹、糟羊蹄、酒蛤蜊、柔鱼、虾茸、鳎干者，谓之"家风"，又有卖酒浸江蟷、章举㊱、蛎肉、龟脚、锁管㊲、蜜丁㊳、脆螺、鲎酱㊴、法虾、子鱼㊵、鮆鱼诸海味者㊶，谓之"醒酒口味"。（《武林旧事·酒楼》）

【注释】

①户部点检所：宋代专司酒库的官署，主要管理酒业的经营专卖。

②官妓：古代供奉官员的妓女。唐宋时官场应酬会宴，有官妓侍候，明代官妓隶属教坊司，不再侍候官吏，清初废官妓制。

③祗（zhī）直：宋时对值班人员的称呼。

④下番：工役。

⑤侑樽：亦作"侑尊"，助饮兴，劝酒。

⑥点花牌：在酒楼按名牌召妓女陪酒。

⑦元夕：旧称农历正月十五日为上元节，是夜称元夕，与元夜、元宵同。

⑧危坐：挺直身躯端坐。

⑨邃阁：深幽的楼阁。

⑩肴核：通称谷类以外的食品，如肉类蔬果等。也作

"骰核"。

⑪趁课：征收赋税。

⑫华侈：豪华奢侈。

⑬袨（xuàn）服：盛服，艳服。

⑭巧笑：形容美人的笑容。

⑮夏月：夏天。

⑯绮陌：绮丽的街道。

⑰凭槛：靠着栏杆。招邀：邀请。

⑱小鬟：旧时用以代称小婢。

⑲强聒（guō）：唠叨不休。

⑳支分：支付，付给财物。

㉑擦坐：歌女在酒楼巡回卖唱。

㉒阮（ruǎn）：一种弦乐器，柄长而直，略像月琴，四根民弦，现亦有三根弦的。

㉓息气：宋时乐器名。

㉔散耍：宋代表演技艺之一。犹杂耍。

㉕赶趁：以卖艺维持生计。

㉖老妪：年老的妇人。

㉗香婆：南宋酒楼以小炉炷香为供的老妇。

㉘青皮：柑橘的未成熟果皮或幼果。

㉙半夏：药草名。多年生草本植物，叶子有长柄，初夏开黄绿色花。

㉚缩砂：多年生草本植物，叶子条状披针形，花粉色，蒴果成熟时绿色，果皮上的柔刺较扁。种子棕色，椭圆形，有三个棱，入中药叫"砂仁"。

㉛豆蔻：植物名。种子香气颇烈，可入中药。有草豆蔻、白豆蔻、肉豆蔻三种。也专指称白豆蔻的干燥成熟种子，可用为芳香剂、芳香兴奋剂、祛风剂、调味品等。

㉜蜡茶：一种产于福建的饼茶。据说茶叶冲泡后，有如蜡的乳状物浮于茶面上。

㉝香药：香料。

㉞分俵（biào）：亦作"分裱"，分施、分给。

㉟决明：植物名。豆科，一年生草本。偶数羽状复叶。夏季开黄花。荚果狭长。种子较绿豆小，形似马蹄，有清肝明目之效。也称槐豆。

㊱章举：即章鱼。

㊲锁管：鱿鱼的别称。

㊳蜜丁：即蚶子，俗称瓦垄子。指的是蚶壳里的肉。

㊴鲎（hòu）酱：鲎肉、卵制成的酱。

㊵子鱼：鲻鱼的别名。

㊶鬳（zhì）鱼：鱼名。

至尊般的餐饮服务

　　关于宋代餐饮服务的相关文献，多现于《武林旧事》《京东梦华录》等宋代笔记。宋代繁盛时期，其服务业相当发达，下酒的汤可以随便要，并且随时供应。往往还没有上酒，就先摆好了好几盘小菜，待客人举杯，美味的佳肴便即刻奉上。厨师和店小二的体力和记忆力也十分好，厨师能记住所有客人点的菜，不需要再三重复督促，而且做菜速度也极快。店小二一次能拿十几二十碗食物，并且能将菜品准确地上给每一桌的客人。饭馆老板也秉持着顾客是上帝的原则，一旦店小二上错了菜或者犯了其他错误，遭到客人的投诉，被投诉的店小二轻则被老板骂一顿，罚一点工钱，重则可能被开除。

　　凡下酒羹汤①，任意索唤②，虽十客各欲一味，亦自不妨③。过卖铛头④，记忆数十百品，不劳再四，传喝如流⑤，便即制造供应⑥，不许少有违误⑦。酒未至，则先设看菜数碟⑧；及举杯，则又换细菜⑨，如此屡易，愈出愈奇⑩，极意奉承。或少忤客意⑪，

及食次少迟，则主人随逐去之。(《武林旧事·酒楼》)

【注释】

①凡：所有的。羹汤：浓羹或汤汁，泛指佐餐的菜食。

②索唤：呼叫索取，索要。

③不妨：没关系，可以。

④铛(chēng)头：执掌烹饪的厨师。

⑤如流：如同流水一样，形容迅疾而流畅。

⑥便即：于是，就。

⑦误：延误。

⑧看菜：供陈设的菜肴。

⑨细菜：某个季节供应不多的蔬菜，或指菜园细种，产量低，口感好，适合小锅炒制的菜。

⑩愈出愈奇：形容事物屡见更新，愈出新奇。

⑪忤：不顺从。

客坐，则一人执箸纸①，遍问坐客。都人侈纵②，百端呼索③，或热或冷，或温或整，或绝冷、精浇④、臕浇之类⑤。人人索唤不同。行菜得之⑥，近局次立⑦，从头唱念，报与局内。当局者谓之铛头，又曰着案讫。讫，须臾⑧，行菜者左手杈三碗，右臂自手至肩驮叠约二十碗，散下尽合各人呼索⑨，不容差错⑩。一有差错，坐客白之主人⑪，必加叱骂⑫，或罚工价⑬，甚者逐之⑭。(《东京梦华录·食店》)

【注释】

①箸纸：供客人擦拭筷、碟的纸张。

②侈纵：奢侈放纵。

③百端：各种事务。呼索：呼叫索取，这里指客人所点的饭菜。

④精浇：用精肉做成的浇头。

⑤脿（biāo）浇：用肥肉做成的浇头。脿，肥肉。

⑥行菜：饭馆里的跑堂、端菜的伙计。

⑦近局次立：指跑堂的走到厨房近旁站住。局，指厨房；次，近旁。

⑧须臾：一会儿。

⑨尽：全，都。合：不违背，一事物与另一事物相应或相符，即合乎。

⑩容：允许。

⑪白：告诉。

⑫叱骂：叱责叫骂。

⑬工价：付给工人的费用、工资。

⑭甚者：指情况比较严重或突出的人或事。

风靡一时的冷饮店

汤饮始于唐代，于宋代流行开来。在宋代上自皇帝，下至平民百姓都爱饮用这种饮料。这些饮料不仅可以当作冷饮，还可以热着或温着喝，而且还多兼具治病防病功效，夏季上市时尤其受欢迎。《清明上河图》中便画有"冷饮店"：虹桥下一家店铺外，撑着两把大伞，伞下挂着长方形的招牌，招牌上写着醒目的"饮子"二字，以表明这是一家卖饮料的店铺。此外，在城中"久住王员外家"的匾牌下，也撑着两把遮阳伞，挂着"饮子"和"香饮子"的招牌，伞下有卖饮子的小贩，和正在享用饮品的客人。此外宋代笔记《事林广记》中也收录了许多制作果汁饮料的汤方，《东京梦华录》中也提到了夏季街上售卖的各种冰镇饮料。

荔枝歌

杨万里

粤犬吠雪非差事，粤人语冰夏虫似。

北人冰雪作生涯，冰雪一窖活一家。

帝城六月日卓午^①，市人如炊汗如雨。

卖冰一声隔水来，行人未吃心眼开。

甘霜甜雪如压蔗，年年窨子南山下^②。

去年藏冰减工夫，山鬼失守嬉西湖。

北风一夜动地恶，尽吹北冰作南雹。

飞来岭外荔枝梢，绛衣朱裳红锦包^③。

三危露珠冻寒泚，火伞烧林不成水。

北人藏冰天夺之，却与南人销暑气。

【注释】

①卓午：正午。李白《戏赠杜甫》诗：“饭颗山头逢杜甫，头戴笠子日卓午。”

②窨（yìn）子：地下室、地窖。

③绛（jiàng）衣：深红色衣服。古代军服常用绛色。

上等松糖一斤，水一盏半，霍香叶半钱^①，甘松一块^②，生姜十大片，同煎^③。以姜热为度^④，滤净，瓷器盛。入射香一块^⑤，菉豆许大^⑥，白檀末半两^⑦，夏月雪内朕^⑧，用之，极香美^⑨。（《事林广记·香糖渴水》）

【注释】

①藿香：为唇形科多年生草本植物，叶及茎均富含挥发性芳香油，有浓郁的香味，为芳香油原料，亦可作为烹饪作料，或者烹饪材料。钱：中国市制重量单位，一两的十分之一为一钱。

②甘松：为败酱科植物，质松脆，易折断，断面粗糙，皮部深棕色，常成裂片状，木部黄白色，气特异，味苦而辛，有清凉感。植物的干燥根及根茎可入药。

③同煎：放到一起煮。

④度：限度。

⑤射香：即麝香。

⑥菉（lù）豆：即绿豆。

⑦白檀：木名，即檀香，属檀香科。可作器具，亦可入药。

⑧雪内朕：泡在雪内喝。

⑨美（měi）：古同"美"。

茶馆里的文艺沙龙

宋代是茶馆的兴盛期，茶馆数量大增，在都市里，凡是有人聚处，皆有茶坊。而且其形式多样，功能齐全，并开始与人们的日常生活发生密切联系。宋代的茶馆已经不仅仅限于满足人们的饮食需要，也日渐成为人们休闲消遣的场所。人们还可以在这里进行商务交易、会友、传播信息等。根据顾客不同，茶坊内也提供多种不同的服务，为了吸引更多的茶客前来，各茶肆会安排许多娱乐活动招徕顾客，如安排说唱艺人说书，雇佣歌女。一些富家子弟，还来茶馆专门学习乐器、唱歌。此外，宋代的茶馆酒楼还是文人聚会的地方，文人士大夫常常聚集于此谈天饮茶，文人燕集的同时也促进了茶馆的发展。

大茶坊张挂名人书画。在京师只熟食店挂画，所以消遣久待也，今茶坊皆然。冬天兼卖擂茶①，或卖盐豉汤②，暑天兼卖梅花酒。绍兴间，用鼓乐吹梅花酒曲③。用旋杓④，如酒肆间，正是论角⑤，如京师量卖。茶楼多有都人子弟占此会聚，习学乐器，或唱叫之类⑥，谓之"挂牌儿"。人情茶坊，本非以茶汤为正，但将此为由，多下茶钱也。又有一等专是娼妓弟兄打聚处⑦；又有一等专是诸行借工卖伎人会聚行老处⑧，谓之"市头"⑨。水茶坊，乃娼家聊设桌凳，以茶为由，后生辈甘于费钱⑩，谓之"干茶钱"。提茶瓶，即是趁赴充茶酒人，寻常月旦望⑪，每日与人传语往还，或讲集人情分子⑫。又有一等，是街司人兵⑬，以此为名，乞见钱物，谓之"龊茶"⑭。(《都城纪胜·茶坊》)

【注释】

①擂茶：一种将茶叶、芝麻、花生等原料放进擂钵里研磨后冲开水喝的养生茶饮。

②盐豉汤：用豆豉做的汤。

③梅花酒曲：指《梅花引》曲，是中国传统艺术中表现梅花的佳作。

④旋杓：舀酒的木勺。

⑤角：古代量器，酒的计量单位。

⑥唱叫：宋代民间曲艺的一种歌唱形式，又称叫声。

⑦娼妓弟兄：即五奴，宋元时对妓院龟奴的称呼。

⑧行老：指各行的头儿，兼为人介绍职业。

⑨市头：指卖艺人等会聚的茶肆。

⑩后生：指青壮年小伙子。

⑪月旦：指农历每月初一。望：指农历每月十五。

⑫讲集人情分子：指充当"分子头"，帮人收集份子钱以送礼。

⑬人兵：士兵。

⑭齪（chuò）茶：宋代习俗。官府兵丁差役向街肆店铺点送茶水，借以乞求钱物。

大凡茶楼多有富室子弟、诸司下直等人会聚①，习学乐器、上教曲赚之类，谓之"挂牌儿"……更有张卖面店隔壁黄尖嘴蹴球茶坊②，又中瓦内王妈妈家茶肆名一窟鬼茶坊，大街车儿茶肆，蒋检阅茶肆，皆士大夫期朋约友会聚之处③。（《梦粱录·茶肆》）

【注释】

①诸司下直：官吏下班。司，官署名称；下直，官署在宫中当值结束；下班。

②蹴球：唐代以来的一种类似足球的运动。

③期：邀约。会聚：成群地聚集。

时天下无事，许臣寮择胜燕饮①。当时侍从文馆士大夫各为燕集②，以至市楼酒肆③，往往皆供帐为游息之地。（《梦溪笔谈》）

【注释】

①臣寮：同"臣僚"，群臣百官。燕饮：即宴饮。

②燕集：宴饮聚会。

③市楼：市中酒楼。

大放异彩的女掌柜

　　提起古代女性，大家首先想到的可能是大门不出、二门不迈的闺中女子形象，这也是古代女子留给人的刻板印象。但是宋代则不同，随着商品经济的蓬勃发展，两宋出现了一个独特的群体——女商人。她们聪明能干，丝毫不比男子逊色。一些妇女开设的店铺也颇具规模和名气。例如，《东京梦华录》中记载了汴京城内曹婆婆肉饼、王小姑酒店、丑婆婆药铺等。又如，《武林旧事》中记载了宋五嫂所做鱼羹，因为被皇帝高宗赵构光临，而名声大振。

　　在宋代的大街小巷时常能看到她们忙碌的身影，宋代的诗文中也多以欣赏、肯定的口吻来描述她们。例如，苏轼的《书林逋诗后》中认为吴地的女商贩冰清玉洁，叶适在《朱娘曲》中也记载了一个在当时和后世都颇有影响的酒店掌柜——朱娘。这些女性，在时代的浪潮中，依靠智慧和勤奋而大放异彩。

　　淳熙间①，寿皇以天下养②，每奉德寿③、三殿④，游幸湖山，

食在宋朝　307

御大龙舟⑤，宰执从官⑥，以至大珰⑦、应奉⑧、诸司及京府弹压等⑨，各乘大舫⑩，无虑数百⑪。时承平日久，乐与民同⑫，凡游观买卖，皆无所禁。画楫轻舫⑬，旁午如织⑭。至于果蔬、羹酒、关扑、宜男⑮、戏具⑯、闹竿⑰、花篮、画扇、彩旗、糖鱼⑱、粉饵⑲、时花、泥婴等⑳，谓之"湖中土宜"㉑。又有珠翠、冠梳、销金彩段㉒、犀钿㉓、髹漆㉔、织藤、窑器、玩具等物，无不罗列。如先贤堂、三贤堂、四圣观等处最盛。或有以轻桡趁逐求售者㉕。歌妓舞鬟㉖，严妆自炫㉗，以待招呼者，谓之"水仙子"㉘。吹弹㉙、舞拍㉚、杂剧、杂扮㉛、撮弄㉜、胜花、泥丸、鼓板㉝、投壶㉞、花弹、蹴鞠、分茶、弄水、踏混木㉟、拨盆㊱、杂艺、散耍、讴唱㊲、息器㊳、教水族飞禽㊴、水傀儡㊵、鬻水、道术、烟火（起轮、走线、流星、水爆）㊶、风筝，不可指数，总谓之"赶趁人"㊷。盖耳目不暇给焉。

御舟四垂珠帘锦幕㊸，悬挂七宝珠翠、龙船梭子、闹竿、花篮等物；宫姬韶部，俨如神仙；天香浓郁，花柳避妍。小舟时有宣唤赐予㊹，如宋五嫂鱼羹㊺，尝经御赏，人所共趋，遂成富媪。朱静佳六言诗云：

柳下白头钓叟，不知生长何年。

前度君王游幸，卖鱼收得金钱。

往往修旧京金明池故事，以安太上之心，岂特事游观之美哉？（《武林旧事·西湖游幸》）

【注释】

①淳熙：宋孝宗的年号（1174—1189）。

②寿皇：亦称寿皇圣帝，即宋孝宗赵眘。宋孝宗退位后，宋光宗所上尊号"至尊寿皇圣帝"的简称。

③每奉：常常陪伴。德寿：指宋高宗赵构和吴太后，因其内禅后退居德寿宫，故称。

④三殿：指太上皇宋高宗、吴太后、宋孝宗。

⑤御：对帝王所作所为的敬称。

⑥从官：侍从的官吏。

⑦大珰（dāng）：指当权的宦官。珰，汉代宦官充武职者的冠饰，后即作为宦官的代称。

⑧应奉：宋代专为宫廷进奉财赋的官署应奉局的省称。

⑨诸司：当指殿前都指挥使司、侍卫亲军马军都指挥使司、侍卫亲军步军都指挥使司等禁卫军机构。京府：南宋京城临安府衙门。弹压：负责维持治安。

⑩大舫：并两船或数船而成的大船。

⑪无虑：大约，总共。

⑫乐与民同：与民同乐，和人民一同享乐。语出《孟子·梁惠王下》："吾王庶几无疾病与？何以能田猎也？此无他，与民同乐也。"

⑬画楫：原指有画饰的船桨，引申为彩船。轻舫：犹轻舟。

⑭旁午如织：形容游船纷繁交错，犹如编织起来一般。旁

午，又作"旁在"，纷繁交错。

⑮宜男："宜男草"的简称，亦即"萱草"。古人认为孕妇佩之则生男，故名。

⑯戏具：泛指赌具或种种游戏的用具。

⑰闹竿：又作"闹杆"。货郎用以悬挂玩具、货物的竹竿。

⑱糖鱼：鱼形的糖。

⑲粉饵：以米粉制作的食品。

⑳泥婴：泥娃娃。

㉑土宜：地方特产。

㉒销金彩段：嵌有金线的彩缎。段，通"缎"。

㉓犀钿（diàn）：用犀牛角、金、银、玉、贝等制作的首饰。

㉔髹（xiū）漆（qī）：以漆涂物，引申为上了漆的器具。

㉕轻桡（ráo）：木筏。趁逐：追随游船之意。

㉖舞鬟：舞女。

㉗严妆：打扮得齐齐楚楚。自炫：炫耀自己、自夸。

㉘水仙子：南宋时西湖游船上歌舞伎的通称。

㉙吹弹：吹竹弹丝，泛指演奏音乐。

㉚舞拍：以拍板控制节拍的舞蹈。

㉛杂扮：宋代流行的一种小戏。以剧情简单、逗人喜笑著称。一般为杂剧之散段。

㉜撮（cuō）弄：即变戏法。

㉝鼓板：即用鼓、板、箫、笛、笙等乐器合奏。

㉞投壶：古代宴会时的娱乐项目，宾主依次投矢于壶中，以投中次数决定胜负，胜者斟酒给败者喝。

㉟踏混木：即踏滚木，古代百戏杂技之一。表演者踩踏圆木，使其滚动，并在上面表演各种动作。

㊱拨盆：杂技之一，即表演者以背贴地，双脚朝上，脚上放置盆之类，使之滚动或翻转。

㊲讴（ōu）唱：歌唱。

㊳息器：又称"息气"。是一种吹奏乐器，这里引申为以息器进行表演。

㊴教水族飞禽：即让水生动物和鸟类进行表演。

㊵水傀儡：水上木偶戏。

㊶起轮、走线、流星、水爆：均为烟火名称。

㊷赶趁人：宋元时指走江湖、跑码头的技艺人。

㊸锦幕：锦制的帐幕。

㊹宣唤：帝王下令宣召、传唤。

㊺宋五嫂：原为北宋都城汴京人士，后流落至南宋临安，以卖鱼羹为生，因得到宋孝宗、宋高宗的赞赏，遂声名远播。

书林逋诗后（节选）①

苏 轼

吴侬生长湖山曲②，呼吸湖光饮山渌③。

不论世外隐君子④，佣儿贩妇皆冰玉⑤。

【注释】

①林逋：宋代钱塘人，初游历江淮，后结庐西湖孤山，隐居不仕。

②吴侬：吴语自称或称人为"侬"，此泛指江南人。

③渌（lù）：水清。

④隐君子：隐居逃避尘世的人。

⑤佣儿：一作"佣奴"。贩妇：女商贩。

朱娘曲

叶　适①

忆昔剪茅长桥滨，朱娘酒店相为邻。

自言三世充拍户②，官抛万斛嗟长贫③。

母年七十儿亦老，有孙更与当垆否④。

后街新买双白泥，准拟设媒传妇好⑤。

由来世事随空花⑥，成家不了翻破家。

城中酒徒犹夜出，惊叹落月西南斜⑦。

桥水东流终到海，百年糟丘一朝改。

无复欢歌撩汝翁⑧，回首尚疑帘影在。

【注释】

①叶适（1150—1223）：字正则，号水心，世称水心先生。永嘉（今温州市鹿城区）人。为南宋著名思想家、文学家、政论家，永嘉学派代表人物。

②拍户：宋时称兼卖茶水饭食，或并蓄娼妓的小酒铺，这里指酒馆。

③万斛：极言容量之多。古代以十斗为一斛，南宋末年改为五斗。

④当垆：指卖酒。垆，放酒坛的土墩。

⑤准拟：打算，准备。

⑥空花：虚幻的繁荣和美丽。《喻世明言·蒋兴哥重会珍珠衫》："浮名身后有谁知？万事空花游戏。"

⑦斜：不正，倾侧。

⑧无复：不再，不会再次。